U0872105

核电厂维修人员专业技能培训教材

阀门与管道检修

中核核电运行管理有限公司　组织编写

中国原子能出版社

图书在版编目（CIP）数据

核电厂维修人员专业技能培训教材. 阀门与管道检修 / 中核核电运行管理有限公司组织编写. —北京：中国原子能出版社，2020.11（2024.7 重印）

ISBN 978-7-5221-0953-4

Ⅰ. ①核… Ⅱ. ①中… Ⅲ. ①核电厂-阀门-设备检修-技术培训-教材②核电厂-管道-设备检修-技术培训-教材 Ⅳ. ①TM623.7

中国版本图书馆 CIP 数据核字（2020）第 192093 号

核电厂维修人员专业技能培训教材　阀门与管道检修

出版发行	中国原子能出版社（北京市海淀区阜成路 43 号　100048）
责任编辑	刘东鹏
装帧设计	赵　杰
责任校对	冯莲凤
责任印制	赵　明
印　　刷	中煤（北京）印务有限公司
经　　销	全国新华书店
开　　本	787 mm×1092 mm　1/16
印　　张	7.5
字　　数	188 千字
版　　次	2020 年 11 月第 1 版　2024 年 7 月第 2 次印刷
书　　号	ISBN 978-7-5221-0953-4　　**定　价　54.00 元**

网址：http://www.aep.com.cn　　**E-mail：atomep123@126.com**

发行电话：010-88828678

核电厂维修人员专业技能培训教材

阀门与管道检修

编审委员会

出版前言

为保障入职一年以上的核反应堆维修员工获得应对正常工况和紧急情况所需的工作技能和技术水平，中核核电运行管理有限公司维修领域各处室和综合培训处在完成维修专业技能培训科目编制和教学实施工作的基础上，继续推动了《维修专业技能培训教材》阀门与管道合订本的出版工作。

《维修专业技能培训教材》阀门与管道合订本中所有科目于 2015 年编制完成。2016 年开始面向维修领域入职一年的员工进行教学实施，并纳入中核核电运行管理有限公司各维修处室的岗位培训清单。《维修专业技能培训教材》阀门与管道合订本的所属科目对维修领域的员工技能培训工作中起到了“提高维修技能水平、保障机组安全生产”的作用。为了更好发挥维修专业技能培训教材的作用，配合核电厂维修领域工作的顺利有序开展，便于培训部门有效地组织培训，正确引导学员通过培训、学习，提高自身素质和能力，中核核电运行管理有限公司综合培训处组织印刷出版《维修专业技能培训教材》阀门与管道合订本。

《维修专业技能培训教材》阀门与管道合订本内容紧扣维修领域入职一年后的员工所迫切需要掌握的维修相关技能；通过对核电厂共性专业设备中阀门与管道知识学习和基本操作技能演练，正确辨识相关参数，通过对核电厂共性阀门与管道基本操作演练，正确认识岗位上专业维修设备阀门与管道的基本操作方法，进而提升核电厂维修人员对阀门与管道进行规范操作的能力。

《维修专业技能培训教材》阀门与管道合订本包含 8 个部分。其中第一部分 常用阀门与管道维修工器具专业技能培训由邢琎娟负责编写，第二部分 研磨机(EFCO-SL-15)使用专业技能培训、第七部分 密封填料的安装、保养、故障分析专业技能培训由王燕良负责编写，第三部分 空气压缩机专业技能培训由关震负责编写，第四部分 气动隔膜阀检修专业技能培训由马少亮负责编写，第五部分 安全阀维修与校验专业技能培训由牟杨负责编写，第六部分 带压堵漏专业技能培训由罗飞华负责编写，第八部分 管道焊接专业技能培训由施靖峰负责编写。内容涵盖核电厂共性专业设备中阀门与管道的理论知识和基本操作技能。

《维修专业技能培训教材》阀门与管道合订本的编制出版，凝聚着编、审、校、排、印及组织管理人员的大量辛勤劳动和心血，同时得到相关部门的大力支持和热情帮助，在此表示深深地谢意！

《维修专业技能培训教材》阀门与管道合订本中如有不妥之处，恳请批评指正。

中核核电运行管理有限公司

目　　录

第一部分　常用阀门与管道维修工器具

第二部分　研磨机（EFCO—SL—15）使用

第三部分 空气压缩机

第四部分　气动隔膜阀检修

第五部分 安全阀维修与校验

第六部分　带压堵漏

第七部分 密封填料的安装、保养、故障分析

第八部分 管道焊接

第一部分　常用阀门与管道维修工器具

第一章　操作准备

1.1　原理描述

1.1.1　电动扳手

电动扳手是以电源或电池为动力的扳手，是一种拧紧高强度螺栓的工具。一般高强螺栓的紧固都要先初紧再终紧，而且每步都需要有严格的扭矩要求，故各种电动扳手就是为各种紧固需要而来的。

电动扳手种类很多，大类主要分为冲击扳手、扭剪扳手、扭矩扳手、转角扳手、角向扳手等。核电厂常用的是电动扭矩扳手。电动扳手的主要特点是：使用寿命长、手柄和机壳材料散热好、功率大、耐冲击性强、拆装扭力大等。见图 1-1、图 1-2。

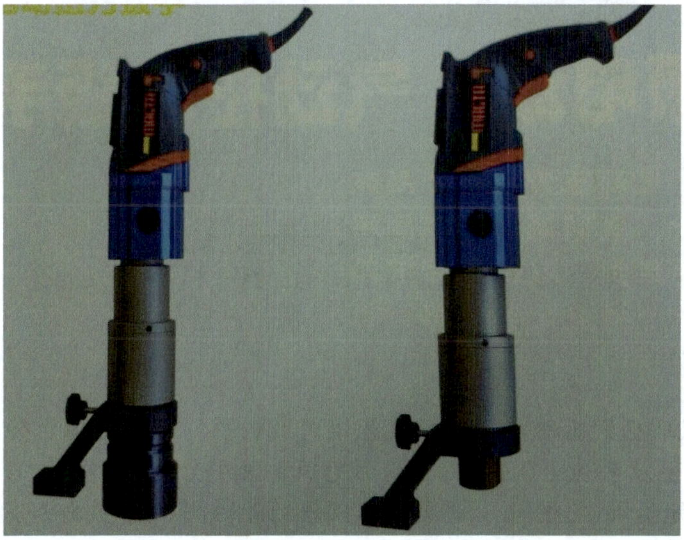

图 1-1　电动扭力扳手

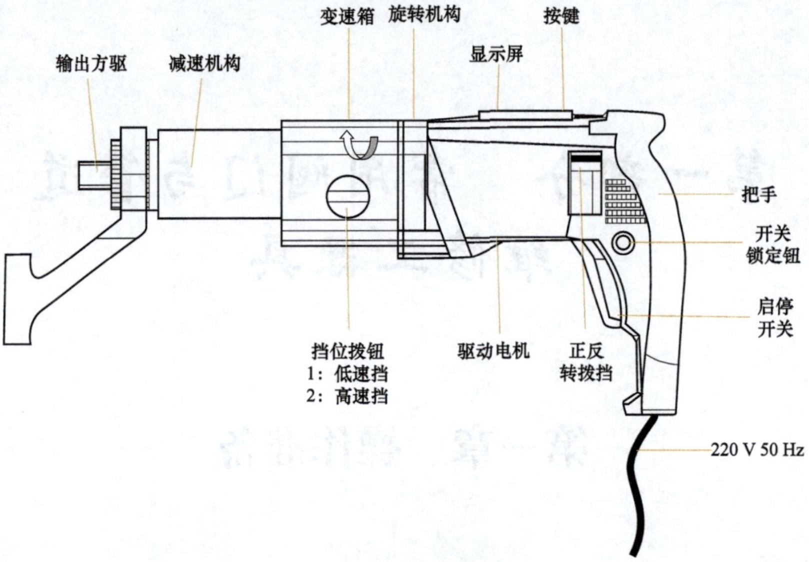

图 1-2 电动扭力扳手整体零部件

1.1.2 液压扳手

液压扳手(全名：液压力矩扳手；英文名：hydraulic torque wrench)是常规的液压扭矩扳手套件，一般是由液压扭矩扳手本体、液压扭矩扳手专用泵站以及双联高压软管和高强度重型套筒组成。液压扭矩扳手专用泵可以是电动或者气动两种驱动方式。见图 1-3。

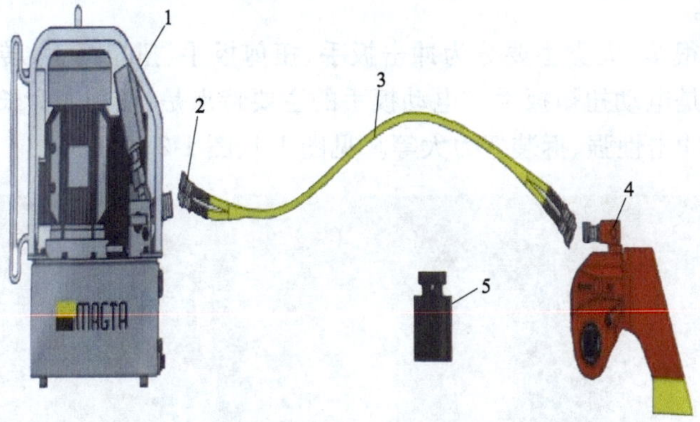

图 1-3 液压扭矩扳手配置示意图

1—专用泵；2—快速接头；3—软管；4—液压扭矩扳手；5—套筒/过渡套

1.1.3 力矩扳手

力矩扳手又叫扭矩扳手、扭力扳手、扭矩可调扳手。按动力源可分为：电动力矩扳手、液压力矩扳手及手动力矩扳手；手动力矩扳手又可分为：预置式、表盘式和数显式。一般情况下，力矩扳手(见图 1-4)需要根据螺母的外径尺寸配合相应的套筒头使用。见图 1-5。

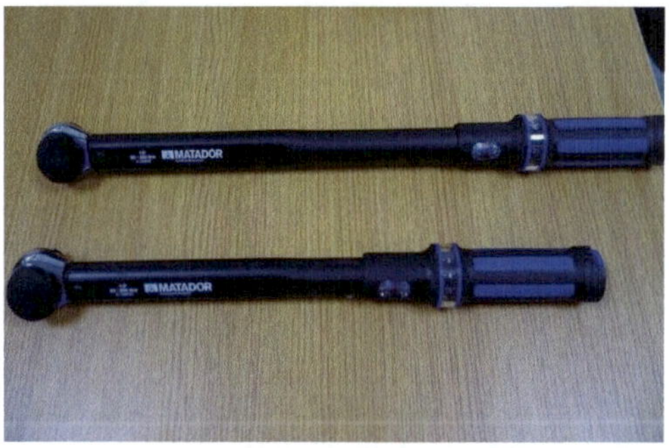

图 1-4　力矩扳手示意图

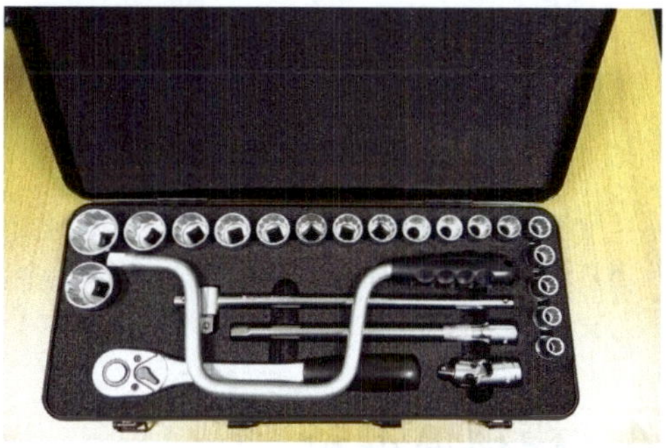

图 1-5　重型组合套筒示意图

力矩扳手最主要特征就是：可以设定扭矩，并且扭矩可调。力矩扳手既可初紧又可终紧，它的使用是先调节扭矩，再紧固螺栓。实际使用中，需要根据需要的力矩值选择合适的力矩扳手型号。

1.1.4　划垫器

自制软垫片应用剪刀剪成带柄的垫片，需用量大时宜用划垫器制作，见图 1-6。

大直径的软垫片要拼接时，应剪得能够实现斜口搭接，不得采取平口对接。软垫片应装在两法兰密封面中间，且与它们同心，不得偏移。

图 1-6　划垫器示意图

1.2　文件准备

无。

1.3　工器具准备

1）电动扳手　1个
2）液压扳手　1个
3）力矩扳手　1个

4）划垫器 1个

5）套筒 1组

6）手套 1双

7）螺栓 多组

8）软垫片 1片

9）法兰 1对

1.4 模拟体准备

技能培训处模拟体，模拟体处于可用状态。检查模拟体是否有损坏，核实可否正常动作，以确保教学过程的顺利实施。

1.5 辐射防护准备

培训楼105模拟体无辐射风险，教学过程中需要模拟实施辐射防护，需要说明在现场实际工作中所要采取的防护措施。根据不同的辐射水平，所采取的辐射防护措施也有所不同，具体依照现场工作环境而确定，辐射防护的措施一般有以下内容：

1）穿戴辐射防护用品，如乳胶手套、口罩、纸衣等；

2）工作人员佩戴剂量率仪表，控制作业时间，做好防异物措施；

3）涉及到零部件的运出，需要及时办理许可证。

1.6 工业安全准备

按照工业安全规定执行，所有人员穿戴劳动保护用品。具体的工业安全准备需根据现场环境而确定，但基本的工业安全需要准备。所有人员必须佩戴安全帽、防砸鞋、工作服、手套等。检修场地使用警示带进行围栏，确保工作过程中无非工作人员进入。

1.7 配合人员准备

无。

1.8 场地准备

铺设检修垫用于摆放工器具；清理场地，确保检修场地无其他异物；合理分配场地，确保工具、设备的合理分布，方便检修；在场地外围布置警示带。

第二章　操作实施

2.1　操作实施 1　电动扳手

电动扳手操作见表 2-1。

表 2-1　电动扳手操作

序号	操作步骤	操作要求	工器具	测评标准	备注
1	根据力矩值选择合适的电动扳手	选取合适的电动扳手	电动扳手	电动扳手选型正确	
2	确认现场所接电源与电动扳手铭牌是否相符合	确认工器具使用正确	电动扳手	现场所接电源与电动扳手一致	
3	确认电动扳手上开关处于断开状态	检查确认电动扳手上开关处于断开状态	电动扳手	电动扳手上开关处于断开	
4	清理场地,确保操作过程不会伤人	清理场地	无	电动扳手反作用力点及操作正前方无人	
5	根据模拟体螺母大小选择匹配的套筒并安装	根据螺母大小选择套筒	电动扳手	电动扳手套筒选型正确	
6	送电,启动电动扳手电源	启动电动扳手电源	电动扳手	动作正常	
7	操作结束,清理现场	工完料尽			

操作注意事项:

1）若作业场所在远离电源的地点,需延伸线缆时,应使用容量足够,安装合格的延伸线缆。延伸线缆如通过人行过道应高架或做好防止线缆被碾压损坏的措施。

2）尽可能在使用时找好反向力矩支靠点,以防反作用力伤人。

3）使用时发现电动机碳火花异常时,应立即停止工作,进行检查处理,排除故障。此外碳刷必须保持清洁干净。

2.2　操作实施 2　液压扭矩扳手

液压扭矩扳手操作见表 2-2。

表 2-2 液压扭矩扳手

序号	操作步骤	操作要求	工器具	测评标准	备注
1	检查确认液压扭矩扳手各部件完好	转动扳手观察其功能是否良好，检查高压软管的快速接头和油管，检查专用泵正常启动	液压扳手	扳手转动灵活，油管无裂，高压软管的快速接头连接到位，无松动和泄露	
2	清理现场确保紧固螺栓前方无人	清理现场	无	紧固螺栓前方无人	
3	确认套筒的旋转方向	确认套筒的旋转方向处于松紧还是拆松	液压扳手	根据教员要求确认是松紧或拆松状态	
4	调节泵压力	根据教员设定的力矩值调节压力值	液压扳手	根据设定力矩值调节压力值	
5	找到合适的反力臂作用点		液压扳手		
6	开启专用泵紧固/拆分螺栓	由手持扳手者统一指挥进行操作	液压扳手	开启专用泵，用手持扳手紧固/拆分螺栓	
7	整理液压扳手，将其放置在固定位置，操作结束，清理现场	检查油管是否有弯折，快速接头是否盖好。工完料尽	液压扳手		

操作注意事项：

1）使用液压扳手时，必须至少两个人操作(其中 1 个人操作液压泵，另 1 个人操作扳手)。

2）手持扳手者必须保持身体稳定、平衡。

3）在操作液压扳手前，必须确保：① 在即将被紧固螺栓的前方没有人；② 自己身体的任何部位没有正对即将被紧固螺栓的前提下，才能进行操作；③ 手持扳手者必须保持身体稳定、平衡。

4）液压扳手可以紧固和拆分螺栓，但是拆分时的力矩必须是紧固时的力矩的 1.5～2 倍。

5）当泵组油箱温度超过 60 ℃时应该停机，待其冷却后再工作。

2.3 操作实施 3 力矩扳手

力矩扳手操作见表 2-3。

表 2-3 力矩扳手

序号	操作步骤	操作要求	工器具	测评标准	备注
1	选择合适的力矩扳手	根据力矩值选择合适的力矩扳手	力矩扳手	力矩值在力矩扳手的力矩范围内	

续表

序号	操作步骤	操作要求	工器具	测评标准	备注
2	设定力矩值调节扭矩	根据教员设定的力矩值调节扭矩	力矩扳手	调节扭矩至设定值	
3	根据模拟体螺母大小选择匹配的套筒并安装	根据螺母大小选择套筒	力矩扳手	力矩扳手套筒选型正确	
4	紧固螺栓	根据现场模拟体紧固螺栓	力矩扳手	紧固螺栓至指定力矩	
5	操作结束,清理现场	工完料尽			

2.4　操作实施 4　划垫器

划垫器操作见表 2-4。

表 2-4　划垫器

序号	操作步骤	操作要求	工器具	测评标准	备注
1	工具准备好	准备好待剪的软垫片	软垫片		
2	用划垫器制作软垫片	根据模拟体法兰,用划垫器制作要求尺寸的垫片	划垫器	应剪得能够实现斜口搭接,不得采取平口对接	
3	安装软垫片进行检验	将软垫片装在两法兰密封面中间	软垫片	法兰密封好	
4	操作结束,清理现场				

第三章　故障检查和处理

常见故障现象和判断方法检查和处理——液压扳手出现漏油压力上不去等现象该如何解决?

由于高强度的工作导致油缸密封圈变形了,从而出现漏油和压力上不去,或是泵站长时间工作导致油温过高,出现了扳手头渗油,主要原因是液压扳手操作不当所引起的,没有合理的使用液压扳手。工作的时间太长或工作的强度太大,超出了液压扳手的负荷,导致液压扳手内部的损坏,从而出现漏油现象或压力上不去现象。

第四章 操作结束

1. 总结培训过程

在各个工具的操作使用前，首要先确认标牌，清理场地，特别注意工业安全操作，能够熟练掌握常用检修工具。

2. 评判

教员指出学员阐述过程中的错误以及需要注意的事项，并且依据评判表，对学员的学习情况做出整体评判。

3. 清理现场

工作结束后，做到工完料尽场地清。工具整理并与工具清单进行对比，确保工具无缺失，并检查工具的可用性，记录损坏情况并汇报。清理工作过程中的耗材，进行分类处理，放置到对应的塑料袋中。清理现场的塑料布、橡胶板，必要时用白布清理现场。

4. 工后会

工后会是对整个工作的过程的回顾以及必要的经验反馈。回顾工作过程：工作许可证已归还，场地已清理，设备标牌完好，对检修任务进行评价，是否达到预期的目的，试验设备与工器具已经归还。工作后的经验反馈是对以后同类型的堵漏工作的经验积累，以提高工作的检修技能，能够更好地完成检修工作。

第五章 经验反馈

液压扳手泵不能加压的原因经验反馈：

先对如下缺陷进行检查。

① 释放阀门有缺陷；② 空气供应太低或空气软管太细；③ 电压太低；④ 仪表有缺陷；⑤ 油面太低；⑥ 滤油器阻塞。

针对缺陷的解决方法：① 检查、调整或更换释放阀门；② 确保空气供应和软管的尺寸与泵使用手册上的规定一致；③ 要确保电压、电流和延长线尺寸与泵使用手册上的要求一致；④ 更换仪表；⑤ 检查并注满泵的油箱；⑥ 检查、清理并更换泵滤油器。

第六章　习　题

6.1　选择题

力矩扳手按照动力源分,可以分为(ABC)。

A. 电动力矩扳手　　B. 液压力矩扳手　　C. 手动力矩扳手　　D. 表盘式扳手

6.2　判断题

1. 液压扭矩扳手专用泵只能是电动的方式驱动。　(×)

2. 力矩扳手使用时应严禁在尾部加套管或长柄,有专用配套附件(套管或长柄)除外。　(√)

3. 力矩扳手除了可以拧紧螺栓时使用,也可以进行拆卸螺栓时使用。　(×)

4. 力矩扳手使用时必须确保所施加的扭矩值在扭矩范围内,选择扳手的条件最好以工作值在被选用扳手的量限制 20%~80%为宜。　(√)

6.3　阐述题

液压扳手活塞不能前进或后退的原因?

答:① 接头与扳手或液压泵连接不可靠;② 接头有缺陷;③ 遥控接头有缺陷;④ 泵的方向控制阀门中有污物。

6.4　实操题

鉴定点:液压扳手的操作

试题 1:液压扳手的使用

1. 准备要求

考场准备:

(1) 试题名称:液压扳手的使用

(2) 本题分值:100

(3) 考核时间:15 min

(4) 考核形式:实操

(5) 设备设施准备

序号	名称	规格	单位	数量	备注
1	模拟体		台	1	教学用模拟体一台
2	液压扳手		台	1	

考生准备:

(1) 试题名称:液压扳手的使用

(2) 本题分值:100

(3) 考核时间:15 min

(4) 考核形式:实操

(5) 工具及其他准备:现场用被拉模拟体准备好

2. 考核要求

(1) 本题分值:100

(2) 考核时间:15 min

(3) 考核形式:实操

(4) 具体考核要求:根据液压扳手的操作,熟悉其关键点。

(5) 否定项说明:无

3. 配分与评分标准

序号	考核内容	考核要点	配分	评分标准	扣分	得分
1	操作前准备	检查液压扳手标牌	10	检查工器具标牌,10 分		
2	先决条件检查	转动扳手观察其功能是否良好、检查高压软管的快速接头和油管、液压泵油箱是否充满液压油、确认套筒的旋转方向	30	1. 未进行扳手检查扣 10 分 2. 未检查高压软管、快速接头、油管、油箱等各扣 10 分 3. 未确认套筒的旋转方向扣 10 分		
3	清理现场确保紧固螺栓前方无人	确认工业安全	10	爪钩未抓牢所拉物体扣 10 分		
4	调节泵压力	泵压力的调节	10	未调节压力扣10 分		
5	成功开启液压泵紧固/拆分螺栓	扳手和液压泵配合	30	未能配合成功使用液压扳手扣 30 分		
6	清理现场	工完料尽	10	工完料尽 10 分		
否定项:没有做好工业安全措施,发生物体脱落等不安全因素						

评分人: 年 月 日　　　　核分人: 年 月 日

第二部分 研磨机(EFCO—SL—15)使用

第一章 操作准备

1.1 原理描述

阀门在使用过程中密封面因各种因素会受到损伤,影响到设备的密封性能。需要对设备密封面进行研磨,从而达到消除缺陷的目的。

机器研磨时,在磨头和工件之间形成一定的压力后,磨头与工件做复杂的相对运动时,磨料就在工件和磨头之间作滑动、滚动,产生切削和挤压,而使工件表面磨去一层峰,同时研磨液起化学作用,很快形成一层氧化膜。在研磨过程中,峰处的氧化膜很快被磨掉,而谷处的氧化膜受到保护,不能继续氧化,从而在切削和氧化的交替过程中得到符合要求的密封面。

1.2 文件准备

因研磨作为设备解体的一部分工作内容,故不单独准备工作包。只准备工前会、工后会等文件。

1.3 工器具准备

1) 闸阀1台
2) EFCO—SL—15 研磨机一台
3) 手电
4) 内窥镜

1.4 模拟体准备

模拟体处于可用状态。检查模拟体是否是否齐全,以确保教学过程的顺利实施。

1.5 辐射防护准备

涉及具体设备,因设备所在房间不同,环境剂量率、管道剂量率也不尽相同,无法做出辐射防护措施选择。具体依照现场工作环境而确定,辐射防护的措施一般有以下内容:

1) 穿戴辐射防护用品,如乳胶手套、口罩、纸衣等;

2) 工作人员佩戴剂量率仪表,控制作业时间,做好防异物措施;

3) 涉及到零部件的运出,需要及时办理许可证。

1.6 工业安全准备

按照工业安全规定执行,所有人员穿戴劳动保护用品。具体的工业安全准备需根据现场环境而确定,但基本的工业安全需要准备。所有人员必须佩戴安全帽、防砸鞋、工作服、手套等。检修场地使用警示带进行围栏,确保工作过程中无非工作人员进入。

1.7 配合人员准备

无。

1.8 场地准备

现场铺设塑料布用于放置工器具、耗材;清理场地,确保培训场地无其他杂物;合理分配场地,确保工具、设备的合理分布,方便培训;在场地外围布置警示带。

第二章　操作实施

2.1　操作实施 1　研磨前准备工作

研磨前准备工作见表 2-1。

表 2-1　研磨前准备工作

序号	操作步骤	操作要求	工器具	测评标准	备注
1	工作前准备	办理工作票、辐射防护票	N/A	已办理工作许可证与辐射许可证	培训室进行，部分准备工作口述即可
		确认阀门解体安措已实施		安措已确认	
		开工前会		工作安排、人员分工，重要步骤讲述，安全风险分析等已在工前会描述	
		备件、材料、工器具、量具准备		备件材料齐全，工器具、量具检查合格	
2	工作现场布置	检修现场建立工作隔离区	N/A	设置隔离带及警示牌	N/A
		工作场地布置		工作现场设备和工具摆放整齐	
3	对密封面进行清洁	对表面进行清洁，可清晰看到密封面状况	擦拭布或砂纸	可进行目视检查	N/A
4	对密封面进行目视检查	检查密封面有无蚀点、贯穿纹等	目视	准确判断缺陷	N/A

2.2　操作实施 2　EFCO—SL—15 研磨机研磨

EFCO—SL—15 研磨机研磨操作见表 2-2。

表 2-2　EFCO—SL—15 研磨机研磨操作

序号	操作步骤	操作要求	工器具	测评标准	备注
1	磨盘的选配与安装	磨头选择及安装	SL—15 研磨机	磨头正确选择及安装	N/A
2	机具的安装及定位	机具固定牢固；机具的紧固装置稳固	SL—15 研磨机	机具的紧固装置稳固	N/A

续表

序号	操作步骤	操作要求	工器具	测评标准	备注
3	调节研磨压力	被加工密封面平整;磨盘调至最佳位置	SL—15 研磨机	被加工密封面平整;磨盘调至最佳位置	N/A
4	机具工作运行	机具对密封面进行研磨	SL—15 研磨机	表面光洁度达到要求	N/A
5	磨料的更换	磨料更换步骤正确	SL—15 研磨机	磨料更换步骤正确	N/A

下面是对以上 5 个步骤的具体说明。

1. 磨盘的选配与安装

凸缘行星磨盘 DN80—225(图 2-1)的选配与安装步骤如下。

1) 根据列表选择相应的磨臂(行星磨臂上刻有字模)见表 2-3。

2) 选择相应的自贴式环形砂纸。

3) 磨头粘贴面用清洗剂清洗干净。

4) 揭去自贴式环形砂纸的保护膜。

5) 将砂纸贴于磨盘上并按压。

6) 把固定臂定位到行星磨盘中。

7) 设置所需的磨削直径,通过螺丝(S1/S2)紧固(注意:外端的螺丝 S1 先固定)。

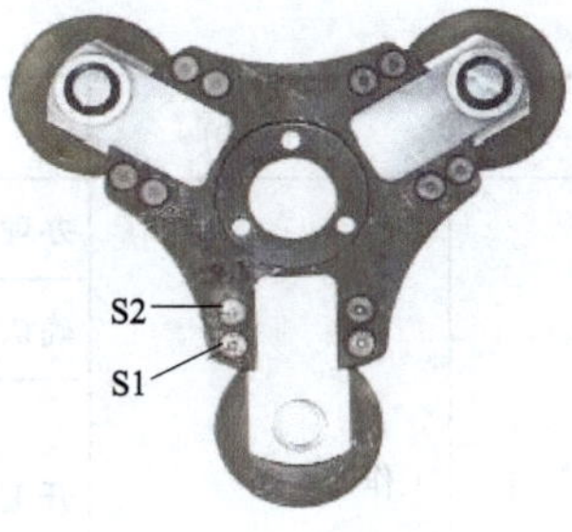

图 2-1　凸缘行星磨盘

表 2-3　磨臂选择

磨臂	外侧磨削直径/mm		
	磨头 $\phi30$	磨头 $\phi50$	磨头 $\phi80$
行星磨臂 1S	min. $\phi109$ max. $\phi150$	min. $\phi129$ max. $\phi170$	— —
行星磨臂 1M	min. $\phi150$ max. $\phi191$	min. $\phi170$ max. $\phi211$	min. $\phi200$ max. $\phi241$
行星磨臂 1L	min. $\phi190$ max. $\phi231$	min. $\phi210$ max. $\phi251$	min. $\phi240$ max. $\phi281$

2. 机具的安装及定位

1) 将压力控制座(83)的螺丝(42)和垫圈(64)拧松,固定安放到基础底板(40)上。见图 2-2。

2) 压力控制座的前沿(V)必须跟被加工的密封面(D) 在同一个平面上。

3) 拧紧螺丝(42),把压力控制座紧固在基础底板上。

4) 将整个机器通过机臂在压力控制座中装

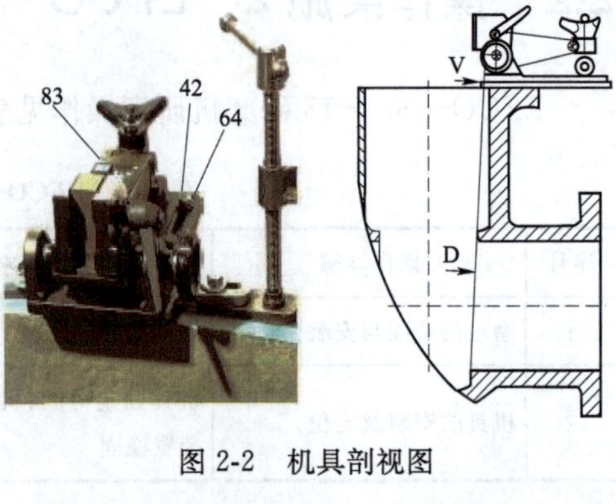

图 2-2　机具剖视图

入,拉紧固定杆(73)。

5）将紧固挡板上(15)的紧固杆(20.1)和两个螺丝(20.2)松开,并根据加工要求确定大概的插入深度。见图 2-3。

6）重新拉紧紧固杆(20.1)和拧紧螺丝(20.2)。

7）通过手动转盘(72.1)可使机器在横向上移动设置。这里需要把横向紧固钮(72.2)先松开(如果用手不能松动紧固钮,那么把手动转盘(72.1)往回拧一下)。定位后需要把紧固钮(72.2)重新拧紧。

8）通过星形手柄(61)可控制机具研磨面向被加工密封面贴近。

3. 调节研磨压力

1）通过星形手柄(61),设置工作压力。见图 2-4。

2）进行磨削(SL—15 研磨机选用的工作电压为 220 V)。

3）中断磨削过程(必须关闭机具)。

4）松开星形手柄(61),去除工作压力。

5）松开固定杆(73)。

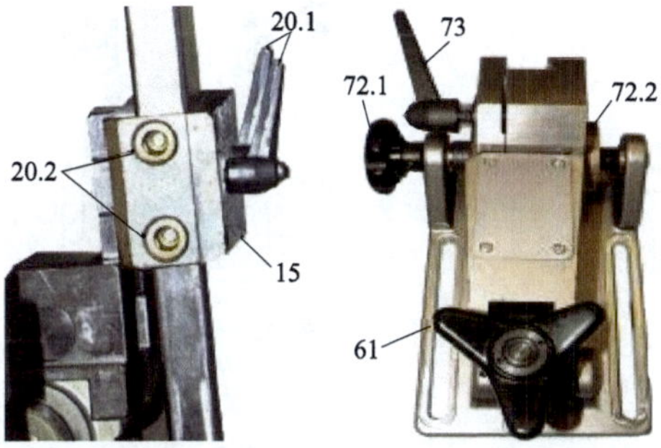

图 2-3　机具(一)

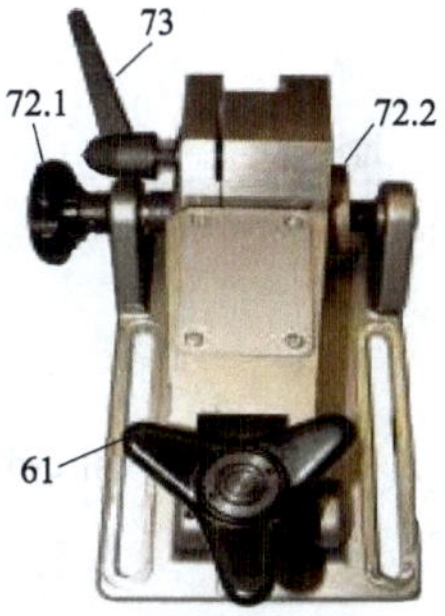

图 2-4　机具(二)

6）将机具从机具固定座中取下。

7）检查被加工面(刀口尺透光检查)。

8）如被加工密封面向内凹,则表明研磨压力过大——通过星形手柄(61),选择较小的工作压力。见图 2-5。

9）如被加工密封面向外凸,则表明研磨压力过小——通过星形手柄(61),选择较大的工作压力。

10）机器重新在压力座中定位。

11）用固定杆(73)拧紧。

12）重复上面的过程,直至被加工密封面完全平整。

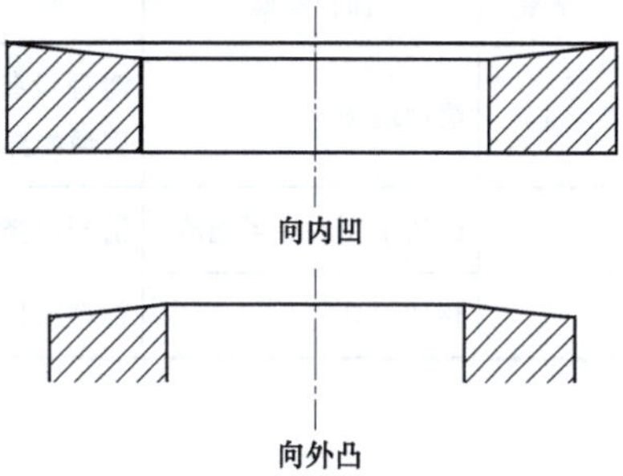

图 2-5　加工密封面

4. 机具工作运行

1）机具运行机时操作人员不能离开。

2）运行过程中如产生异音应即关停机具并查找原因。

5. 磨料的更换

1）关机。

2）松开星形手柄(61),去除工作压力,见图 2-6。

3）松开固定杆(73),见图 2-7。

4）将机具从压力控制座中取下。

5）小心地去除砂磨纸。

6）不要损坏粘贴表面。

7）磨头粘贴表面用液体清洁剂清洁。

8）揭掉环行砂磨纸的保护膜。

9）将环行砂磨纸贴上并按压。

10）将机具重新在压力控制器中安装固定。

11）拉紧固定杆(73)。

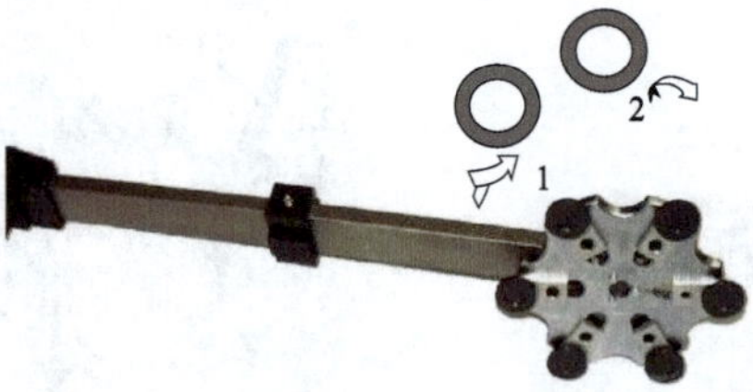

图 2-6　机具(三)

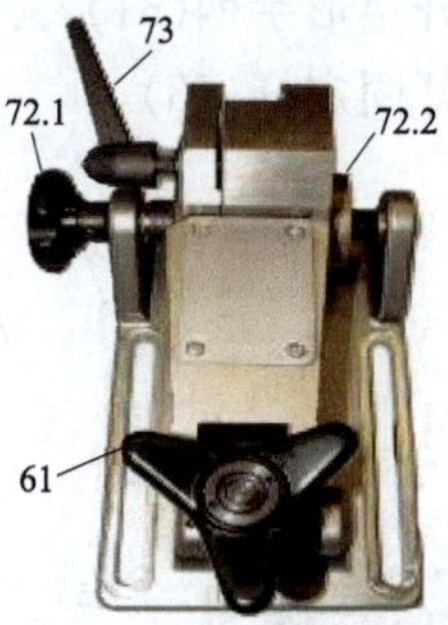

图 2-7　机具(四)

2.3　操作实施 3　清理现场

清理现场操作见表 2-4。

表 2-4　清理现场

序号	操作步骤	操作要求	工器具	测评标准	备注
1	清理现场	清理设备表面,清理检修设备附近区域的异物	N/A	检修设备无异物	N/A
2	做到工完料尽场地清	清理检修完成后的零部件、材料等	N/A	无零部件、材料遗漏	N/A
3	整理工具	整理工具与原始工具清单对比	N/A	工具无缺失	N/A

2.4　实施中需要特别注意的几个关键点

1）研磨忌拿到零部件就研磨,应该先对密封面进行观察判断后进行。

2）研磨砂纸粘贴要平整,不能留有气泡。

3）由于是转动部件在阀体内,要注意周边间隙,动作前手动盘车确认。

4）该工作设备处于开口,工作中做好防异物措施,在工作完成后要清理异物。

5）闸板和阀座研磨好后,进行蓝油试验(蓝油涂抹量越薄越好)。检查密封面的吃线,在接触面上没有断线和断点及吃线在密封面宽度的 1/3～2/3 即可(适用于闸阀)。

第三章 故障检查和处理

3.1 常见故障现象和判断方法检查和处理

常见故障现象和判断方法检查和处理见表 3-1。

表 3-1 常见故障现象和判断方法检查和处理

序号	故障现象	判断方法	故障原因分析	故障排除方法
1	密封面向内凹	刀口透光检查	研磨压力过大	通过星形手柄(61),选择较小的工作压力
2	密封面向外凸	刀口透光检查	研磨压力过小	通过星形手柄(61),选择较大的工作压力

3.2 常见故障原因分析和故障排除方法

常见故障原因分析和故障排除方法见表 3-2。

表 3-2 常见故障原因分析和故障排除方法

序号	故障原因分析	故障排除方法
1	研磨压力过大	通过星形手柄(61),选择较小的工作压力
2	研磨压力过小	通过星形手柄(61),选择较大的工作压力

3.3 特殊故障现象和判断方法

特殊故障现象和判断方法见表 3-3。

表 3-3 特殊故障现象和判断方法

序号	故障现象	判断方法	故障排除方法
1	密封面磨偏	色印检查	根据色印检查结果确定磨偏方向,重新研磨消除缺陷

3.4 特殊故障原因分析和故障排除方法

特殊故障原因分析和故障排除方法见表 3-4。

表 3-4　特殊故障原因分析和故障排除方法

序号	故障现象	判断方法	故障原因分析	故障排除方法
1	密封面磨偏	色印检查	行星轮中心点不在密封面中心点	重新调整中心点进行研磨

第四章　操作结束

4.1　总结培训过程

培训结束后对整个培训过程进行总结，内容包括：培训的课时设置是否合理，完好密封面的基本要求，研磨中的注意事项，以及判定密封面质量的方法等。

4.2　评价

学员对研磨过程进行阐述，并说明其中的关键点以及注意事项。教员对学员的陈述简要记录，根据阐述评判学员的掌握情况。教员指出学员阐述过程中的错误以及需要注意的事项，并且依据评价表，对学员的学习情况做出整体评价。

4.3　清理现场

工作结束后，做到工完料尽场地清。工具整理并与工具清单进行对比，确保工具无缺失，记录损坏情况并汇报。清理工作过程中的耗材，进行分类处理，放置到对应的塑料袋中。清理现场的塑料布、橡胶板，必要时用白布清理现场。

第五章　经验反馈

无。

第六章　习　题

6.1　选择题(每小题 5 分)

1. EFCO—SL—研磨机可选用的工作电源电压为(B)。

A. 110 V　　B. 220 V　　C. 380 V

2. 下列研磨步骤正确的是(A)。

A. 粗磨、中磨、细磨、精磨　　B. 粗磨、细磨、中磨、精磨

C. 粗磨、中磨、精磨、细磨

3. 当密封面锈蚀坑大于(A)mm 时需要用车工对密封面进行车削。

A. 0.5　　B. 1.0　　C. 0.2

4. EFCO—SL—15.02 研磨机加工范围是(A)。

A. DN40—300　　B. DN20—300　　C. DN40—600

6.2　判断题(每小题 5 分)

1. 对 SL—15.02 研磨机进行操作时可不戴耳塞或防噪声耳机。　(×)

2. 研磨工作不一定从粗磨开始,可视密封面的好坏程度来确定。　(√)

3. 研磨速度随着粗研、精研等情况的不同而不同。　(√)

4. SL—15.02 研磨机有温度自动保护装置,一旦过热会自动停止工作。　(√)

5. 蓝油试验时,阀门的密封线需连续均匀。　(√)

6.3　简答题(每小题 5 分)

1. EFCO—SL 系列研磨机的加工范围是多少?

答:DN20—2000。

2. EFCO—SL—15 研磨机使用时电压是多少?

答:230/110 V。

6.4　实操题

鉴定点:用 EFCO—SL—15 研磨机对 DN150 闸阀阀座进行研磨

试题 1:用 EFCO—SL—15 研磨机对 DN150 闸阀阀座进行研磨

1. 准备要求:

考场准备:

(1) 试题名称:用 EFCO—SL—15 研磨机对 DN150 闸阀阀座进行研磨

(2) 本题分值:20
(3) 考核时间:40 min
(4) 考核形式:实操
(5) 设备设施准备

序号	名称	规格	单位	数量	备注
1	闸阀模拟体	DN150	台	1	教学用模拟体一台
2	研磨机	EFCO—SL—15	套	1	N/A

考生准备:
(1) 试题名称:用 EFCO—SL—15 研磨机对 DN150 闸阀阀座进行研磨
(2) 本题分值:20
(3) 考核时间:40 min
(4) 考核形式:实操
(5) 工具及其他准备:无
2. 考核要求
(1) 本题分值:20
(2) 考核时间:40 min
(3) 考核形式:实操
(4) 具体考核要求:根据阀门研磨要求对密封面进行研磨
(5) 否定项说明:无
3. 配分与评分标准

序号	考核内容	考核要点	配分	评分标准	扣分	得分
1	磨盘的选配与安装	磨头选择及安装	4	1. 磨头选择错误扣 2 分。 2. 磨头安装错误扣 2 分。		
2	机具的安装及定位	机具固定牢固;机具的紧固装置稳固	4	1. 机具安装不牢扣 2 分。 2. 研磨半径计算错误扣 2 分。		
3	调节研磨压力	被加工密封面平整;磨盘调至最佳位置	4	1. 研磨压力过大或过小扣 2 分。 2. 密封面磨偏扣 2 分。		
4	机具工作运行	机具对密封面进行研磨	4	机具运行时操作人员离开扣 4 分。		
5	磨料的更换	磨料更换步骤正确	4	1. 磨头未清理扣 2 分。 2. 磨料选择错误扣 2 分。		

否定项:1. 机具运行时操作人员离开;
2. 没有作好防异物措施

评分人:　　年　　月　　日　　　　　　　　核分人:　　年　　月　　日

第三部分 空气压缩机

第一章 操作准备

1.1 原理描述

1.1.1 空压机的分类

空压机分类情况见图 1-1。

<table>
<tr><td>按工作原理</td><td colspan="11">容积式</td><td colspan="4">动力式</td></tr>
<tr><td>按运动件或气流工作特征</td><td colspan="3">往复式</td><td colspan="8">回转式</td><td>离心式</td><td>轴流式</td><td>旋涡式</td><td>喷射式</td></tr>
<tr><td>按工作腔中运动件的结构特征</td><td>活塞式</td><td>柱塞式</td><td>隔膜式</td><td>滚动转子</td><td>滑片</td><td>液环</td><td>三角转子</td><td>涡旋</td><td>罗茨</td><td>双螺杆</td><td>单螺杆</td><td colspan="3">叶轮(透平)式</td><td>喷射泵</td></tr>
</table>

图 1-1 空压机分类

1.1.2 核电厂空压机类型主要有隔膜压缩机、活塞空压机以及螺杆空压机

废气处理系统空压机采用的是隔膜压缩机，以防止废气泄漏。

隔膜压缩机结构：由曲轴箱部件、曲轴部件、连杆部件、十字头部件、活塞部件、进气阀部件、排气阀部件、传动部件、补偿油泵部件、调压阀部件等组成。活塞部件通过十字头与连杆、曲轴相连。盖板上分布有进、排气阀，排气阀配置在盖板中央。

金属膜片压缩机中，膜片都是由液压驱动的，因此，每一台压缩机具有一个液压系统。

隔膜压缩机和其他压缩机一样，需要有原动力带动，如柴油机、车载发电机和电动机等。原动力带动曲轴、连杆进行旋转运动，通过十字头浮动连接，带动活塞作往复运动。见图 1-2。

吸气过程：以活塞处于上止点的位置为起始点，这时膜片处于上极限位置，即与缸盖内表面相贴合。当曲轴转动时，活塞开始向下运动，膜片随着油液下沉和自身弹力的作用，恢复到平衡位置，这时气缸容积逐渐增大，先是残留在余隙中的气体膨胀，继而从气缸的吸气阀吸入气体，当活塞行至下止点时，膜片到达下极限位置，则气缸中吸气过程完成。

排气过程：活塞开始向上运动，驱动油液，从配油盘上的许多小孔均匀地作用在膜片上，

推动膜片向上变形，这时气缸中开始压缩气体，当压力高于排气管道中的气体压力时，排气阀自动开启，气体被压出，油压继续上升，迫使膜片紧贴缸盖曲面，排净气体，则排气过程结束。

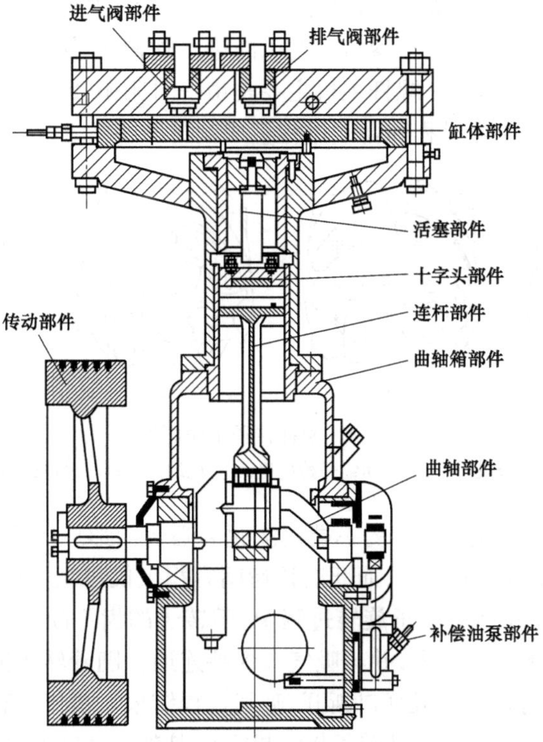

图 1-2　隔膜空压机结构图

柴油机启动系统空压机采用活塞式空压机，空压机原理：依然依靠原动机的回转运动经曲柄连杆机构转换为活塞的直线运动，通过进排气阀完成进气及排气过程。见图 1-3。

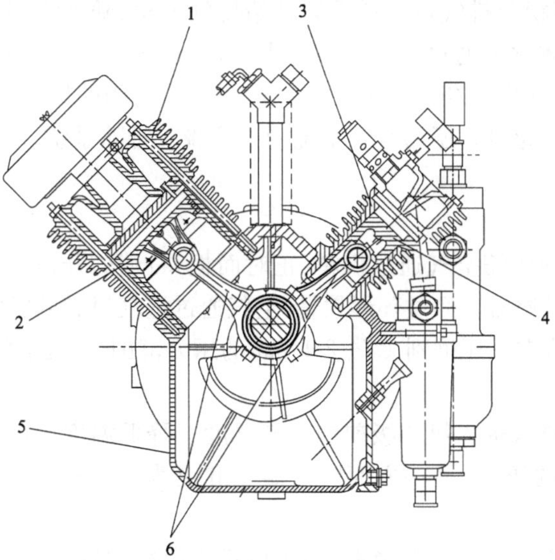

图 1-3　活塞空压机结构图

1—一级汽缸头及进排气阀；2—一级活塞；3—二级汽缸头及进排气阀；4—二级活塞；5—曲轴箱；6—连杆

主空压机及应急空压机采用的是螺杆空压机,也是本教材主要介绍对象,本节以英格索兰无油螺杆空压机为主要介绍对象。

压缩模块组成:油箱、齿轮箱、齿轮组、油泵、一级、二级主机;英格索兰无油螺杆压缩机的压缩模块上的大齿轮轴通过连轴器与主电机的输出轴相连,压缩模块由主电机直接驱动,油泵通过连接器与大齿轮相连。螺杆主机主要是由一对阴阳转子和壳体组成,属于容积式。其工作过程由吸气过程、压缩过程和排气过程组成。见图 1-4。

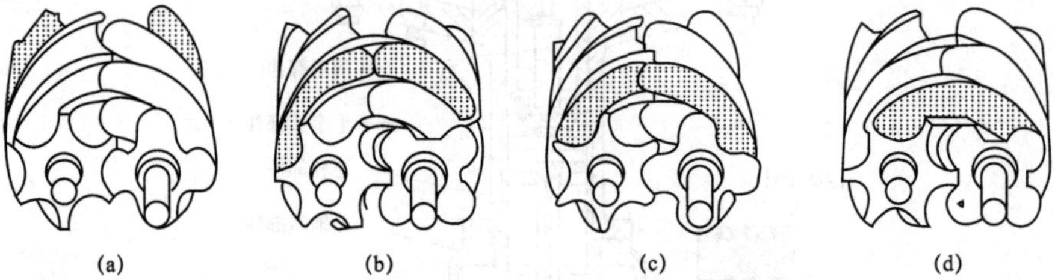

图 1-4 螺杆转子工作原理

(a) 吸气过程;(b) 压缩开始过程;(c) 压缩过程;(d) 排气过程

吸气过程:随着转子的运动,齿的一端逐渐脱离啮合而形成了齿间容积,这个齿间容积的扩大在其内部形成了一定的真空,而此时该齿间容积仅仅与吸气口连通,因此气体便在压差作用下流入其中。在随后的转子旋转过程中,阳转子的齿不断地从阴转子的齿槽中脱离出来,此时齿间容积也不断地扩大,并与吸气口保持连通。随着转子的旋转齿间容积达到了最大值,并在此位置齿间容积与吸气口断开,吸气过程结束。吸气过程结束的同时阴阳转子的齿峰与机壳密封,齿槽内的气体被转子齿和机壳包围在一个封闭的空间中,即封闭过程。

压缩过程:随着转子的旋转,齿间容积由于转子齿的啮合而不断减少,被密封在齿间容积中的气体所占据的体积也随之减少,导致气体压力升高,从而实现气体的压缩过程。压缩过程可一直持续到齿间容积即将与排气口连通之前。

排气过程:齿间容积与排气口连通后即开始排气过程,随着齿间容积的不断缩小,具有内压缩终了压力的气体逐渐通过排气口被排出,这一过程一直持续到齿末端的型线完全啮合为止,此时齿间容积内的气体通过排气口被完全排出,封闭的齿间容积的体积将变为零。

空压机辅助系统分为:1) 压缩空气系统、2) 冷凝水排除系统、3) 润滑油系统、4) 冷却系统。

1) 压缩空气系统

本空压机所需要的压缩空气通过机箱(正对面板)右端的开口进入,它穿过有吸声材料内衬的通道进入空气过滤器。经过环形软管,空气通过进气口、蝶阀达到压缩机的第一级。

第一级螺旋转子将空气压缩到 1.7～2.4 bar 的压力范围,它能够缓冲可能发生的任何压力脉动。

中间冷却器用于降低进入第二级前的空气温度。降低温度可以让空气里的水冷凝,在压缩机出口得到干燥的压空;另一方面降低温度和更为干燥的空气会提高第二级的压缩效率。

紧接中间冷却器之后是汽水分离器,它可以排出由冷却器冷凝出的所有冷凝水。在气水分离器上设置有一安全阀,可防止异常的级间高压。

2）冷凝水排除系统

汽水分离器紧接中间冷却器和二次冷却器之后，用于收集和排出压缩空气中形成的任何冷凝液。

冷凝液通过电磁阀排出，电磁阀开启持续时间预设在 3 秒，可在 2 秒到 20 秒之间进行设置。开启间隔时间出厂设置为 180 秒，可在 60 秒到 360 秒之间进行调节。排放时间的设置具体因环境条件而定，如果外界环境为高温或高湿度，间隔时间要缩短，排放时间要延长。

和电磁阀并联有一路手动排液管线，手动阀位于小底座的外面。检验操作电磁阀时，每天需要将该手动旁通阀开启一次。如果长期不用，应该将该阀打开。

过滤网设置在电磁阀上游，用于防止任何颗粒堵塞电磁阀。

3）润滑油系统

油槽与齿轮箱集成在一起，在油泵的吸入口管线中有一个滤油网。润滑油泵是一种正位移齿轮泵，由空压机驱动轴驱动，它的转速等于主电动机的速度。

润滑油从油泵通过泄压阀到达油冷却器，泄压阀的作用是当油泵出口压力过高时，泄掉一部分油使之回到油箱。

油过滤器的上游是温控阀，该阀门能根据温度的高低来调节

去冷油器冷却的油量，为轴承和齿轮提供最佳的油液。温控阀是利用热胀冷缩的原理制成的。

经过冷却的油液通过过滤器的净化后流到分配歧管，歧管的孔径决定各用户的润滑压力。

齿轮箱可通过内装的通气孔出气，该通气孔与整机的增压区连接，可防止油气从气孔泄漏。

4）冷却系统

中间冷却器、二次冷却器、油冷却器、风扇及电机为整体组件。换热器和风扇直接安装在压缩装置的上方，冷却气流穿过机箱的后端和换热器，最后从整机的顶端排出。

1.2　文件准备

空压机技能培训完全模拟现场工作，具有完整的工作包，包括工作指令单，质量计划、风险分析、领料、隔离指令等，工前会、工后会、设备信息收集单等。

1.3　工器具准备

两用扳手一套；内六角扳手一套；十字、一字螺丝刀各 1 把；铜棒 1 把；手电 1 把。

1.4　模拟体准备

培训楼 105 模拟体，模拟体处于可用状态。检查模拟体是否有损坏，核实可否正常动作，以确保教学过程的顺利实施。

1.5 工业安全准备

按照工业安全规定执行，所有人员穿戴劳动保护用品。具体的工业安全准备需根据现场环境而确定，但基本的工业安全需要准备。所有人员必须佩戴安全帽、防砸鞋、工作服、手套等。检修场地使用警示带进行围栏，确保工作过程中无非工作人员进入。

1.6 配合人员准备

无。

1.7 场地准备

现场铺设白布用于摆放工器具；铺设橡胶板用于放置气动执行机构；清理场地，确保检修场地无其他异物；合理分配场地，确保工具、设备的合理分布，方便检修；在场地外围布置警示带。

第二章　操作实施

2.1　操作实施 1　空压机转子部件解体

见图 2-1。

图 2-1　空压机转子部件图片

空压机转子部件解体操作见表 2-1。

表 2-1　空压机转子部件解体

序号	操作步骤	操作要求	工器具	测评标准	备注
1	设备隔离，介质排空	此步骤为现场实施，模拟体模拟实施		模拟体检查	
2	标记拆卸部位	用记号笔标记压缩机转子箱体，便于回装	记号笔	标记准确，便于识别	
4	拆卸轴封组件	拆下轴封盖，取下轴封	两用扳手	不能碰伤动静环	
5	拆卸径向轴承	使用拉马拉出轴承	拉马	不能拉偏	
6	取出阳转子	使用专用拉环将阳转子缓慢取出	专用工具	不能误碰其他设备	
7	取出阴转子	缓慢取出		不能误碰其他设备	

2.2 操作实施2 清洗、检查零部件

清洗、检查零部件操作见表2-2。

表2-2 清洗、检查零部件

序号	操作步骤	操作要求	工器具	测评标准	备注
1	检查机体内表面	无不正常的磨痕	目视	判断是否有缺陷	
2	检查阳转子的磨损情况	测量转子外径并检查齿面情况	千分尺	判断是否有缺陷	
3	检查阳转子的磨损情况	测量转子外径并检查齿面情况	千分尺	判断是否有缺陷	
4	检查轴承和主轴	测量转子主轴径及主轴承孔的内径尺寸	千分尺	间隙在正常范围内	

2.3 操作实施3 回装空压机

回装空压机操作见表2-3。

表2-3 回装空压机

序号	操作步骤	操作要求	工器具	测评标准	备注
1	回装阴阳转子	将阴阳转子放入机体内		转子准确装入	
2	回装径向轴承	将轴承装入轴承室内		轴承安装到位	
3	回装轴封组件			确保无泄漏	
4	回装端盖		两用扳手		

2.4 实施中需要特别注意的几个关键点

1）阴阳转子的拆除；
2）径向轴承的检查；
3）传动齿轮系的回装。

第三章　故障检查和处理

3.1　常见故障现象和判断方法检查和处理

常见故障现象和判断方法检查和处理见表3-1。

表3-1　常见故障现象和判断方法检查和处理

序号	故障现象	判断方法	故障原因分析	故障排除方法
1	空压机出口压力小	出口压力小于额定值	压缩机不能正常加载	更换液压缸

3.2　常见故障原因分析和故障排除方法

常见故障原因分析和故障排除方法见表3-2。

表3-2　常见故障原因分析和故障排除方法

序号	故障原因分析	故障排除方法
1	空气过滤器滤芯有污	更换空气过滤器滤芯
2	空压机不能启动	转动紧急停车按钮使其解除,并按复位键两次

3.3　特殊故障现象和判断方法

特殊故障现象和判断方法见表3-3。

表3-3　特殊故障现象和判断方法

序号	故障现象	判断方法	故障原因分析	故障排除方法
1	噪声过大	超出正常标准	压缩机有故障或者零件安装松动	重新固定零件,若空压机转子有问题则联系厂家处理

3.4　特殊故障原因分析和故障排除方法

特殊故障原因分析和故障排除方法见表3-4。

表 3-4 特殊故障原因分析和故障排除方法

序号	故障原因分析	故障排除方法
1	压缩空气温度高	经检查风扇和冷却器都是能实现其功能，房间通风不良造成房间空气温度过高，检查发现房间通风过滤网堵塞造成了通风不良，更换滤网后缺陷消除

3.5 预防性维修项目

见表 3-5。

表 3-5 预防性维修项目

时间	项目
每日	检查润滑油液面，必要时补足；检查滤油器压差；检查空气过滤器压差；检查冷凝液排放功能
每月	检查冷却器中积累的异物，必要时用压缩空气清洗
首 150 小时	更换润滑油和过滤芯；清洗凝结水网
首 3 个月	手动操作安全阀，验证阀门机构功能正确，并释放少量气体
每 3 个月	检查所有软管是否有变质、裂纹、变硬等现象
每 6 个月	检查排气消音器，必要时更换；清洗齿轮箱通气孔；更换空气过滤单元
每 1 年	安全阀校验；清洗凝结水滤网；更换止回阀的阀座和弹簧；清洗油槽吸滤器；更换润滑油和过滤芯
每 4 年	更换所有软管

第四章　操作结束

4.1　解体后验证

解体完成后检查零部件与备件是否有所缺失，手动盘车验证压缩机运转正常。

4.2　总结培训过程

空压机解体前，熟悉空压机的工作原理与结构，了解空压机辅助系统组成及功能。解体空压转子部件前核实所需工具与备件。在解体前在对应位置做好标记，清洗各个零部件并检查是否完好，进行必要的修复。回装空压机转子部件，回装后进行手动盘车，验证无卡涩，空压机运转正常。

4.3　评判

学员对解体过程进行阐述，并说明其中的关键点以及注意事项。教员对学员的陈述简要记录，根据阐述评判学员的掌握情况。教员指出学员阐述过程中的错误以及需要注意的事项，并且依据评判表，对学员的学习情况做出整体评判。

4.4　清理现场

工作结束后，做到工完料尽场地清。工具整理并与工具清单进行对比，确保工具无缺失，并检查工具的可用性，记录损坏情况并汇报。对更换的领料物资与领料单进行核实，确保所有可更换的物资已更换。清理工作过程中的耗材，进行分类处理，放置到对应的塑料袋中。清理现场的塑料布、橡胶板，必要时用白布清理现场。

4.5　工后会

工后会是对整个工作的过程的回顾以及必要的经验反馈。

回顾工作过程：工作许可证已归还，场地已清理，设备标牌完好，对检修任务进行评价，是否达到预期的目的，试验设备与工器具已经归还。

工作后的经验反馈是对以后同类型的空压机工作的经验积累，以提高工作的检修技能，能够更好的完成检修工作。

第五章 经验反馈

2011 年 12 月 21 日,4SAP002CO 试验启动失败,查看报警记录为中间压力高报警闭锁停机。经分析为空压机在卸载时进气阀由于卡涩导致开度过大(大于 10%开度),造成卸载时进气量偏大,中间压力高。将卡涩阀门运到 EF4 进行解体分析,发现进气阀 102 VA 没有卡涩,油动活塞 102HC 无卡涩,从以上信息和各自的结构特点初步判定为 110 VA 卡涩,卡涩点应该是排气阀阀杆与阀杆密封处图 5-1。厂家也反馈,他们在其他工厂也遇到过类似卡涩故障,都是由于排气阀内部太脏导致排气阀阀杆和阀杆密封处卡涩造成。

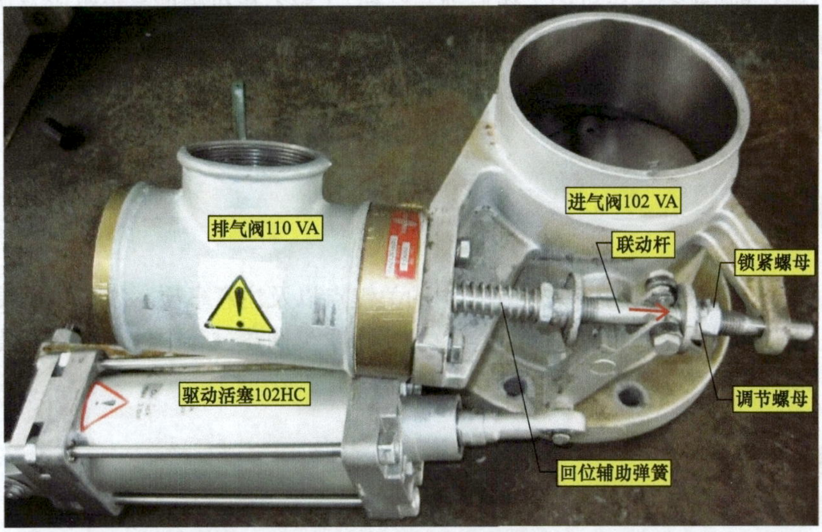

图 5-1 空压机故障示意

第六章　习　题

6.1　选择题

1. 此次培训的空压机为(C)压缩机。

A. 膜片式　　B. 活塞式　　C. 螺杆式

2. 此次培训空压机冷却方式为(A)。

A. 空冷　　B. 水冷　　C. 自然冷却

3. 空压机第二级转子材料为(C)。

A. 镀锌钢　　B. 不锈钢　　C. 碳钢

6.2　判断题

1. 此次培训空压机是有油螺杆压缩机,进行了低压、高压转子两级压缩。　(×)
2. 该空压机主机转子表面涂有特氟隆材料,以起到防腐和减少啮合间隙的作用。　(√)
3. 螺栓回装时,需要对称均匀紧固　(√)

6.3　阐述题

空压机的辅助系统流程及功能。

答:压缩空气系统:能是产生合格的压缩空气,压缩空气通过机箱(正对面板)右端的开口进入,它穿过有吸声材料内衬的通道进入空气过滤器。经过环形软管,空气通过进气口、蝶阀达到压缩机的第一级转子,经第一级压缩后进入中间冷却器,紧接中间冷却器之后是气水分离器,后进入二级转子。

冷凝水排除系统:汽水分离器位于中间冷却器和二次冷却器之后,用于收集和排出压缩空气中形成的任何冷凝液。

润滑油系统:该系统对空压机的运动部件进行润滑及冷却。润滑油从油泵通过泄压阀到达油冷却器,经过冷却的油液通过过滤器的净化后流到分配歧管,歧管的孔径决定各用户的润滑压力。

冷却系统:该系统是对空压机进行冷却,其中中间冷却器,二次冷却器,油冷却器,风扇及电机为整体组件。换热器和风扇直接安装在压缩装置的上方,冷却气流穿过机箱的后端和换热器,最后从整机的顶端排出。

6.4　实操题

鉴定点:空压机转子部件解体

试题 1:空压机转子部件解体

1. 准备要求

考场准备：

(1) 试题名称:空压机转子部件解体

(2) 本题分值:20

(3) 考核时间:40 min

(4) 考核形式:实操

(5) 设备设施准备

序号	名称	规格	单位	数量	备注
1	模拟体		台	1	教学用模拟体一台
2	工具		套	2	两用扳手

考生准备：

(1) 试题名称:空压机转子部件解体

(2) 本题分值:20

(3) 考核时间:40 min

(4) 考核形式:实操

(5) 工具及其他准备:无

2. 考核要求

(1) 本题分值:20

(2) 考核时间:40 min

(3) 考核形式:实操

(4) 具体考核要求:根据空压机结构,熟悉其关键点,认识空压机部件

(5) 否定项说明:零部件遗失,未全面回装

3. 配分与评分标准

序号	考核内容	考核要点	配分	评分标准	扣分	得分
1	空压机解体前准备	确定空压机解体前的准备工作是否充分	3	未模拟检查隔离状态扣 2 分		
2	空压机解体	空压机零部件的拆卸顺序	4	1. 轴的取出方式有误扣 2 分。 2. 零部件拆除时发生损坏扣 3 分		
3	零部件清洗、检查	零部件清洗、检修的项目	4	1. 重要零部件未清洗扣 2 分。 2. 未全面检查各个零部件情况扣 3 分		
4	空压机回装	空压机回装顺序	5	1. 回装顺序错误扣 2 分。 2. 有零部件未装人扣 3 分		
5	盘车试验	盘车验证回装正确	4	空压机无法盘车或盘车卡涩扣 3 分		

否定项:零部件遗失,未全面回装。

评分人： 年 月 日 核分人： 年 月 日

第四部分　气动隔膜阀检修

第一章　操作准备

1.1　原理描述

1.1.1　气动隔膜阀原理

隔膜是在阀体与阀体之间装有一挠性隔膜片或者组合隔膜片形成阀堵,其关闭件是与隔膜片相连接的压缩装置。气动薄膜式驱动装置的工作原理为:当信号压力通入薄膜气室时,在薄膜上产生一个向上(下)的推力,使推杆向上(下)移动,将弹簧拉升(压缩),直到弹簧所产生的反作用力与信号压力在薄膜上产生的推力平衡为止。

1.1.2　气动隔膜阀结构

见图 1-1。

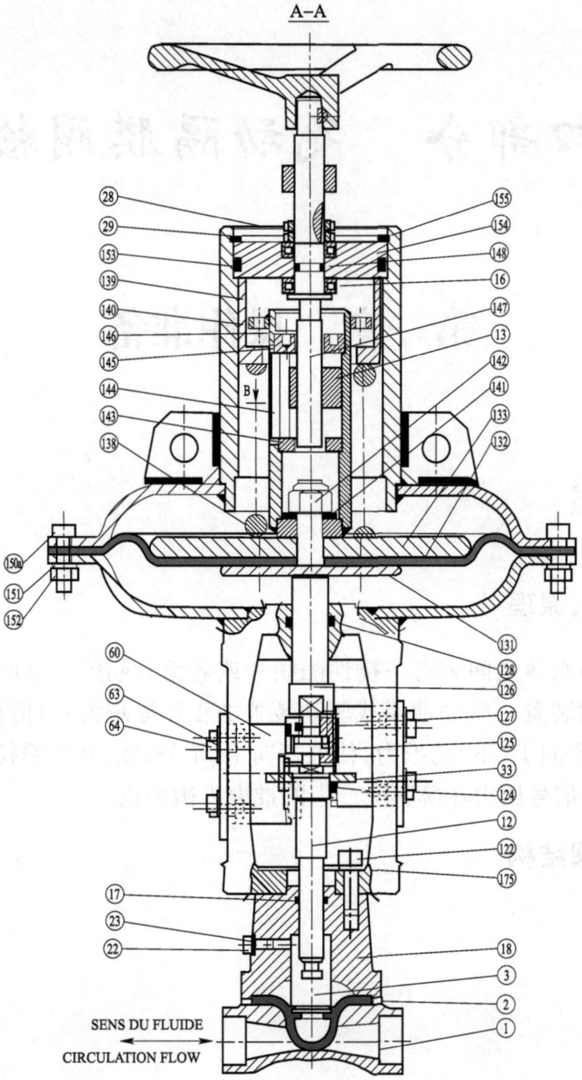

图 1-1　气动隔膜阀结构

序号	名称	序号	名称	序号	名称
1	阀体	16	止推轴承	28	垫片
2	隔膜	17	O 形圈	29	螺帽
3	阀瓣	18	阀帽	33	位置指示座
12	阀杆	22	测试螺栓	37	垫片
13	阀杆螺母	23	测试垫片	38	自锁螺栓

续表

序号	名称	序号	名称	序号	名称
39	链	132	隔膜	148	O 形圈
40	铭牌	133	隔膜板	150a	螺栓
60	开关	138	弹簧	151	垫片
63	垫片	139	弹簧档板	152	螺帽
64	螺栓	140	阀杆导向	153	O 形圈
122	螺栓	141	垫片	154	气动头帽
124	螺帽	142	螺帽	155	弹簧档圈
125	镫形物	143	垫片	175	垫片
126	阀杆	144	键	176	螺帽
127	销钉	145	轴套螺母	180	调节装置
128	O 形圈	146	弹簧档圈		
131	下隔膜板	147	手动操作阀杆		

1.2 文件准备

气动隔膜阀技能培训完全模拟现场工作，具有完整的工作包，包括工作指令单，质量计划、风险分析、领料、隔离指令等，规程使用为扩建机组 SAPAG_DN20 橡胶膜头气开式隔膜阀更换易损件及解体检查，工前会、工后会、设备信息收集单等。

1.3 工器具准备

工器具准备见表 1-1。

表 1-1 工器具准备

工具名称	规格	数量
棘轮扳手		1 把
套筒	14 号	2 个

续表

工具名称	规格	数量
两用扳手	14号	2把
力矩扳手	10～50 N·m	1把
长套筒		1个
卡簧钳		1把
顶孔钳		1把
销子冲		1把
V形铁		1套

1.4 模拟体准备

培训楼模拟体，模拟体处于可用状态。检查模拟体是否有损坏，核实可否正常动作，以确保教学过程的顺利实施。

1.5 辐射防护准备

培训楼模拟体无辐射风险，教学过程中需要模拟实施辐射防护，需要说明在现场实际工作中所要采取的防护措施。根据不同的辐射水平，所采取的辐射防护措施也有所不同，具体依照现场工作环境而确定，辐射防护的措施一般有以下内容：

1）穿戴辐射防护用品，如乳胶手套、口罩、纸衣等；

2）工作人员佩戴剂量率仪表，控制作业时间，做好防异物措施；

3）涉及到零部件的运出，需要及时办理许可证。

1.6 工业安全准备

按照工业安全规定执行，所有人员穿戴劳动保护用品。具体的工业安全准备需根据现场环境而确定，但基本的工业安全需要准备。所有人员必须佩戴安全帽、防砸鞋、工作服、手套等。检修场地使用警示带进行围栏，确保工作过程中无非工作人员进入。

1.7 配合人员准备

仪控人员配合拆接控制线以及限位开关。

1.8　场地准备

现场铺设白布用于摆放工器具；铺设橡胶板用于放置气动执行机构；清理场地，确保检修场地无其他异物；合理分配场地，确保工具、设备的合理分布，方便检修；在场地外围布置警示带。

第二章 操作实施

2.1 操作实施1 气动隔膜阀解体

气动隔膜阀解体操作见表2-1。

表2-1 气动隔膜阀解体

序号	操作步骤	操作要求	工器具	测评标准	备注
1	设备隔离，介质排空	此步骤为现场实施，模拟体模拟实施		模拟体检查	
2	仪控人员拆除仪控附件	具有仪控合格资质人员拆除供气管及限位开关		仪控装置完整的拆除	
3	阀门打到半开位置	手动将阀门打到半开位置	手动	阀门至半开位置	
4	拆除联轴器	拆除联轴器销钉，取下联轴器		阀门联轴器松开	
5	执行机构与阀门连接处标记	用记号笔在执行机构与阀体标记，便于回装	记号笔	标记准确，便于识别	
6	用吊带固定执行机构	吊带分四处在执行机构下部吊住		吊带吃力适度	
7	拆除支架螺母，吊下气动执行机构	吊下气动执行机构时保持垂直		执行机构平稳放置与检修场地	
8	拆卸执行上部的卡簧	使用卡簧钳拆除定位盖帽的卡簧	卡簧钳	卡簧无损坏拆下	
9	阀门至全关	操作阀门至全关位置	手动	阀门已全关位置	
10	取出盖帽、推力轴承	将盖帽、上部推力轴承等一并顶出		盖帽、轴承整体取出	
11	取下手轮	拆除手轮上的键、螺母，拆除手轮	销子冲	手轮及零部件取下	
12	取下推力轴承	取下锁紧螺母，取下推力轴承		轴承完好取下	
13	取下挡圈及挡圈螺母	取下挡圈及挡圈螺母		挡圈完好取下	
14	取下阀杆螺母、垫片	依次取下阀杆螺母、定位键、垫片		零部件完好取下	
15	取下螺母	使用加长套筒将螺母取下，与垫片一并取出		螺母、连杆螺纹无损坏	
16	取下导向套及弹簧	取下导向套及弹簧		完好取下	
17	标记上下膜壳	用记号笔标记上下膜壳的位置	记号笔	标记准确，便于识别	

续表

序号	操作步骤	操作要求	工器具	测评标准	备注
18	拆除膜壳螺栓	对称拆除膜壳螺栓	棘轮扳手、14号套筒	螺栓、螺母拆下	
19	取下上膜壳	取下上膜壳		完好取下	
20	依次取下阀门压板、膜片等	依次取下阀门压板、膜片级支撑板等		零部件无损坏	
21	抽出连杆	将连杆从下部抽出，取下O形密封圈		连杆无损坏取下	
22	标记中法兰	用记号笔标记中法兰位置	记号笔	标记准确，便于识别	
23	拆除中法兰螺栓	拆除中法兰螺栓	14号扳手	螺栓完好取下	
24	阀盖和隔膜取出	将阀盖和隔膜整体取出		部件完好取下	
25	阀体开口处封堵	使用白布对阀门开口处进行封堵	白布	封堵完好	
26	从阀杆上取下隔膜	从阀杆上取下隔膜		隔膜完好取下	
27	取出阀杆	用铜棒轻轻敲击阀杆，将其从阀体中取出，取下O形密封圈		阀杆无掉落取出	

2.2 操作实施2 阀门零部件检查

阀门零部件检查见表2-2。

表2-2 阀门零部件检查

序号	操作步骤	操作要求	工器具	测评标准	备注
1	清洗阀门各零部件	使用清洗剂清洁阀门各零部件	清洗剂	清洗干净	
2	检查阀杆、密封面有误划痕	检查阀杆、密封面有误划痕	目视	判断有误缺陷	
3	检查阀杆弯曲度	用“V”形块检查阀杆弯曲度	“V”形块	测量处阀杆弯曲度	
4	检查阀体密封面情况	检查阀体腔室内的密封面情况		判断有误缺陷	
5	检查阀体内有误杂物堵塞阀体	检查阀体内无杂物堵塞阀体，若有堵塞，可用压缩空气吹或用钩子取出杂物		判断有误缺陷	

2.3 操作实施 3 阀门本体组装

阀门本体组装操作见表 2-3。

表 2-3 阀门本体组装

序号	操作步骤	操作要求	工器具	测评标准	备注
1	回装前检查各零部件清洁度	回装前检查各零部件清洁度，确保干净		零部件清洁	
2	检查新的备件情况	检查更换的隔膜、膜片、O 形密封圈	目视	判断备件完好	
3	取下封堵，检查阀内腔	取下封堵，检查阀内腔清洁度	目视	阀内腔无异物	
4	O 形圈装入阀体	将 O 形圈装入阀体		O 形圈无损坏装入	
5	隔膜、膜片装入阀杆	将隔膜、膜片装入阀杆		完好装入	
6	阀杆穿入阀盖	阀杆穿入阀盖		阀杆完好装入阀体	
7	将阀盖整体装入阀体	将阀盖整体装入阀体		完好装入	
8	回装中法兰螺栓并力矩紧固	回装中法兰螺栓并力矩紧固，力矩值为：13±1 N·m	力矩扳手、套筒 14 号	螺栓对称紧固	
9	行程指示杆安装至阀杆	行程指示杆安装到阀杆上，带紧锁紧螺母		行程指示杆完好装入	

2.4 操作实施 4 气动执行机构回装

气动执行机构回装见表 2-4。

表 2-4 气动执行机构回装

序号	操作步骤	操作要求	工器具	测评标准	备注
1	回装 O 形圈与连杆	安装新的 O 形圈，将连杆从下部穿入支架中		O 形圈、连杆完好装入	
2	装入膜片、支撑板	依次将膜片支撑板、新的膜片、下膜片支撑板穿到执行机构杆上		零部件完好装入	
3	回装上膜壳	按照标记位置回装上膜壳		安装原始标记回装	
4	紧固膜壳螺栓、螺母	穿上螺栓，对称均匀拧紧	14 号扳手、棘轮扳手	对称均匀紧固	

续表

序号	操作步骤	操作要求	工器具	测评标准	备注
5	装入弹簧、导套	装入弹簧，将导套套到连杆上		弹簧、导套完好装入	
6	装上导套垫圈及螺母	装上导套垫圈，拧上螺母并拧紧	长套筒	螺母拧紧	
7	装入手轮杆螺母组件	放入垫板，装入导向键和手轮杆螺母		依次装入	
8	装上套筒螺母及卡环	旋入套筒螺母，装上卡环	卡簧钳、顶孔扳手	螺母拧紧	
9	装入下轴承与O形圈	将下推力轴承和新的O形圈套到手轮杆上		O形圈无损坏装入	
10	装入手轮杆、上推力轴承及锁紧螺母	从下部将手轮杆穿入盖帽中，放上上推力轴承，用锁紧螺母锁紧		依次装入	
11	回装手轮部件	将旋臂套到手轮杆上，装上键和手轮，用固定销固定	销子冲	依次完好装入	
12	回装整体手轮杆部件	装上新的O形圈，将手轮杆拧入手轮杆螺母中		完好装入	
13	旋转手轮，装入盖帽	继续向开方向旋转手轮，将盖帽装入上膜壳中		旋转手轮，盖帽装入	
14	回装盖帽卡环	装上卡环，将盖帽固定	卡簧钳	卡环完好回装	
15	回装气动头组件	将气动头吊起，按原位座到阀盖上，装上螺栓并对称均匀拧紧		气动头完好装入	
16	回装联轴器	用联轴器将阀杆和连杆联接		联轴器完好装入	
17	回装仪控附件	仪控人员复装气动附件和限位开关		仪控附件全部回装	
18	手动验证阀门	手动操作阀门无卡涩，阀门处于全开，手轮在中性点位置		阀门无卡涩，手轮处于中性点	

2.5　实施中需要特别注意的几个关键点

1）解体前阀门处于半开位置；
2）使用手轮杆拆除与回装盖帽；
3）压板螺母拆除时，主要弹簧力的释放；
4）压板螺母的回装；
5）手轮中性点的确认。

第三章　故障检查和处理

3.1　常见故障现象和判断方法检查和处理

常见故障现象和判断方法检查和处理见表 3-1。

表 3-1　常见故障现象和判断方法检查和处理

序号	故障现象	判断方法	故障原因分析	故障排除方法
1	阀门内漏	阀门关闭后，下游有流量	膜头损坏	更换膜头
2	阀门中法兰处外漏	中法兰处介质流出	中法兰螺栓紧固不均匀	紧固中法兰螺栓

3.2　常见故障原因分析和故障排除方法

常见故障原因分析和故障排除方法见表 3-2。

表 3-2　常见故障原因分析和故障排除方法

序号	故障原因分析	故障排除方法
1	膜头损坏	更换膜头
2	中法兰螺栓紧固不均匀	紧固中法兰螺栓

3.3　特殊故障现象和判断方法

特殊故障现象和判断方法见表 3-3。

表 3-3　特殊故障现象和判断方法

序号	故障现象	判断方法	故障原因分析	故障排除方法
1	阀门无法打开	上膜壳出气孔处有气体流出	膜片损坏	更换膜片
2	阀门无法全开	阀门开启部分后，无法再开启	手轮未在中性点位置	将手轮杆置于中性点位置

3.4　特殊故障原因分析和故障排除方法

特殊故障原因分析和故障排除方法见表 3-4。

表 3-4　特殊故障原因分析和故障排除方法

序号	故障原因分析	故障排除方法
1	膜片损坏	更换膜片
2	手轮未在中性点位置	将手轮杆置于中性点位置

第四章　操作结束

4.1　解体后验证

解体完成后检查零部件与备件是否有所缺失，手动开关阀门数次，验证阀门无卡涩。最后使阀门处于全开位置，手轮处于中性点位置。

4.2　总结培训过程

阀门解体前，熟悉阀门的工作原理与结构，核实所需工具与备件。检验阀门是否有缺陷，如有缺陷则解体阀门，解体阀门时，在对应位置做好标记，先分离执行机构与阀体，随后分别解体阀体与执行机构，执行机构解体时注意零部件拆除顺序与弹簧力的释放。清洗各个零部件并检查是否完好，进行必要的修复。更换备件后按照原始标记进行回装，回装时注意压板螺母与盖帽的装入，注意螺栓的紧固力矩与方式，回装完成手动开关阀门，验证阀门无卡涩，最后使阀门处于全开位置，手轮处于中性点位置，清洗设备表面。

4.3　评判

学员对解体过程进行阐述，并说明其中的关键点以及注意事项。教员对学员的陈述简要记录，根据阐述评判学员的掌握情况。教员指出学员阐述过程中的错误以及需要注意的事项，并且依据评判表，对学员的学习情况做出整体评判。

4.4　清理现场

工作结束后，做到工完料尽场地清。工具整理并与工具清单进行对比，确保工具无缺失，并检查工具的可用性，记录损坏情况并汇报。对更换的领料物资与领料单进行核实，确保所有可更换的物资已更换。清理工作过程中的耗材，进行分类处理，放置到对应的塑料袋中。清理现场的塑料布、橡胶板，必要时用白布清理现场。

4.5　工后会

工后会是对整个工作的过程的回顾以及必要的经验反馈。

回顾工作过程:场地已清理,设备标牌完好,工作许可证已归还,对检修任务进行评价,是否达到预期的目的,试验设备与工器具已经归还。

工作后的经验反馈是对以后同类型的阀门工作的经验积累,以提高工作的检修技能,能够更好的完成检修工作。

第五章　经验反馈

在 3TEP247VY 对 8TEP001BA 排放时，发现 3RPE001BA3RPE001BA 压力快速上涨，因这两箱共用排放管线，因此怀疑 3RPE005VY 有内漏，可能的原因为膜头的橡胶密封面有损坏，故请解体检查。期间 3RPE001BA 从 0.14 MPa 上涨到 0.22 MPa。

取得工作许可证，与运行人员交流信息，现场验证设备位置，联系仪控人员拆除气动执行机构气源管，并通知工业安全人员测氧，用铜制扳手松开阀盖连接螺栓，连同执行机构一起取下，并封堵临时开口，发现膜头表面有压痕，且阀体内腔内有异物，更换新的膜头与 O 形圈，清理阀门内腔，回装阀门并对称均匀紧固连接螺栓至力矩 13 N·m，操作阀门手动开关灵活，无卡涩，调整好中性点，通知仪控回装气源管，调好限位信号，品质再签订，开：0.8 s，关：1 s，行程 8.5 mm，再鉴定合格，工作完成还票，填写维修报告。

在气动隔膜阀出现内漏缺陷时，首先检查是否为气动执行机构卡涩，可以转动手轮是否可以手动关闭与开启阀门，如气动执行机构无问题，则一般为膜头密封面的缺陷，可以直接解体检查，同时检查阀内腔的清洁度以及备件质量。

第六章 习 题

6.1 选择题

1. 气动隔膜阀联轴器断开时,阀门处于(C)位置。

A. 全关　　B. 全开　　C. 半开

2. 阀门解体完成后,阀门手轮杆处于(C)位置。

A. 全关　　B. 全开　　C. 中性点

3. 解体阀门必须需要更换的零部件为(A)。

A. O形圈　　B. 阀杆　　C. 阀体

6.2 判断题

1. 阀门自动开关时,动力源为压缩空气与弹簧。 (√)

2. 阀杆无需检查其弯曲度。 (×)

3. 阀门手动强制开关,依靠阀杆与阀杆螺母实现。 (√)

6.3 简述题

气动隔膜阀气动执行机构的解体。

答:现场隔离条件确认后,阀门手动至半开位置,拆除联轴器,标记支架与气动执行机构,拆除支架螺母,吊下气动执行机构,拆除执行机构上部的卡簧,阀门至全关,取出盖帽、推力轴承,依次取下手轮、推力轴承、挡圈、挡圈螺母、阀杆螺母、垫片、螺母、导向套以及弹簧,标记上下膜壳,拆除膜壳螺栓,取下上膜壳,依次取下压板、膜片,抽出连杆。

6.4 实操题

鉴定点:气动隔膜阀解体

试题 1:气动隔膜阀解体

1. 准备要求

考场准备:

(1) 试题名称:气动隔膜阀解体

(2) 本题分值:20

(3) 考核时间:40 min

(4) 考核形式:实操

(5) 设备设施准备

序号	名称	规格	单位	数量	备注
1	模拟体		台	1	教学用模拟体一台,无密封焊

考生准备:

(1) 试题名称:气动隔膜阀解体

(2) 本题分值:20

(3) 考核时间:40 min

(4) 考核形式:实操

(5) 工具及其他准备

序号	名称	规格	单位	数量	备注
1	棘轮扳手		把	1	
2	套筒	14号	个	2	
3	两用扳手	14号	把	2	
4	力矩扳手	10～50 N·m	把	1	
5	长套筒		个	1	
6	卡簧钳		把	1	
7	顶孔钳		把	1	
8	销子冲		把	1	
9	V形铁		套	1	

2. 考核要求

(1) 本题分值:20

(2) 考核时间:40 min

(3) 考核形式:实操

(4) 具体考核要求:根据解体规程,熟悉其关键点,解体过程大致步骤

(5) 否定项说明:起吊过程中,设备掉落;没有作好防异物措施

3. 配分与评分标准

序号	考核内容	考核要点	配分	评分标准	扣分	得分
1	阀门解体前准备工作	确定阀门解体前的准备工作是否充分	3	1. 未模拟检查隔离状态扣1分。 2. 未说明拆除仪控装置扣2分。		
2	断开联轴器	断开联轴器之前需要微小开启及断开联轴器步骤	5	1. 未将阀门置于半开位置扣3分。 2. 联轴器拆卸步骤错误扣2分。		

续表

序号	考核内容	考核要点	配分	评分标准	扣分	得分
3	执行机构解体	熟悉执行机构解体的关键点	8	1. 盖帽拆除错误扣 4 分。 2. 压板螺母拆除错误扣 4 分。		
4	阀杆检查	阀杆的弯曲度检查	4	1. 测量弯曲度错误扣 2 分。 2. 未检查阀杆表面扣 2 分。		

否定项：1. 起吊过程中，设备掉落
　　　　2. 没有作好防异物措施

评分人：　年　月　日　　　　　　核分人：　年　月　日

第五部分　安全阀维修与校验

第一章　操作准备

1.1　原理描述

1.1.1　安全阀原理

安全阀为超压保护装置,保护压力系统、受压容器及设备安全运行,防止超压引起的事故及对容器和设备的损坏。当压力升高超过允许值时,阀门自动开启,全量排放,避免压力继续升高,当压力下降时阀门及时关闭,保持压力在额定值运行。安全阀常用于可压缩流体如蒸汽、压缩空气以及其他气体,也用于不可压缩的流体如水等。

1.1.2　安全阀的安全要求

1) 校准压力(整定压力)最多等于容器或管路的最大允许压力。校准压力是通过作用在阀瓣(阀堵)上平衡力来确定的,作用在阀瓣上的力是通过调节弹簧作用力或外部杠杆重锤产生的力来实现的。

2) 通路截面(阀座喉径截面积)应足以满足超压时流体排放量的要求,以保证在任何情况下,将"超压"限止在额定压力的 1/10,通路截面可采用几个相应的安全阀来满足,而不限只采用一个阀,如核电厂稳压器一般装设 2~3 个安全阀。通路截面积的确定是根据额定排放量公式来计算的。

1.1.3　常见安全阀结构

常见安全阀结构见图 1-1,安全阀实物图见图 1-2。

1.2　文件准备

安全阀技能培训完全模拟现场工作,具有完整的工作包,包括工作指令单,质量计划、风险分析、领料、隔离指令等,规程使用为 M/MM/X/XSF/XVX/048 上阀 A41Y-16C DN32 安全阀全面解体检查及校验,工前会、工后会、设备信息收集单等。

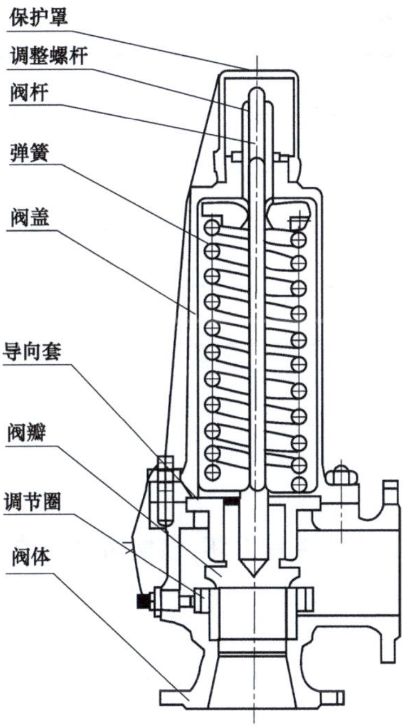

图 1-1　安全阀结构图

图 1-2　安全阀实物图

序号	名称	序号	名称
1	阀体组合件	15	垫片
2	调节圈	16	螺母
3	垫片	17	调整螺杆
4	调节圈螺钉	18	保护罩组件
5	反冲盘	19	螺母
6	阀瓣	20	螺柱
7	垫块	21	垫片
8	导向套	22	限位垫
9	垫片	23	螺母
10	螺柱	24	螺柱
11	弹簧	25	垫片
12	阀杆	26	对接法兰
13	阀盖	27	垫片
14	弹簧座		

1.3　工器具准备

工器具准备见表 1-1。

表 1-1 工器具准备

工具名称	规格	数量
一字螺丝刀		1 把
两用扳手	18 号	2 把
两用扳手	24 号	2 把
管钳		1 把

1.4 模拟体准备

培训楼模拟体,模拟体处于可用状态。检查模拟体是否有损坏,核实可否正常动作,以确保教学过程的顺利实施。

安全阀校验间可用,校验台处于可用状态。

1.5 辐射防护准备

培训楼模拟体无辐射风险,教学过程中需要模拟实施辐射防护,需要说明在现场实际工作中所要采取的防护措施。根据不同的辐射水平,所采取的辐射防护措施也有所不同,具体依照现场工作环境而确定,辐射防护的措施一般有以下内容:

1) 穿戴辐射防护用品,如乳胶手套、口罩、纸衣等;
2) 工作人员佩戴剂量率仪表,控制作业时间,做好防异物措施;
3) 涉及到零部件的运出,需要及时办理许可证。

1.6 工业安全准备

按照工业安全规定执行,所有人员穿戴劳动保护用品。具体的工业安全准备需根据现场环境而确定,但基本的工业安全需要准备。所有人员必须佩戴安全帽、防砸鞋、工作服、手套等。检修场地使用警示带进行围栏,确保工作过程中无非工作人员进入。

1.7 配合人员准备

无。

1.8 场地准备

现场铺设检修垫用于摆放工器具;铺设橡胶板用于放置零部件;清理场地,确保检修场地无其他异物;合理分配场地,确保工具、设备的合理分布,方便检修;在场地外围布置警示带。

第二章　操作实施

2.1　操作实施 1　安全阀压力整定

安全阀压力整定见表 2-1。

表 2-1　安全阀压力整定

序号	操作步骤	操作要求	操作工器具	测评标准	备注
1	设备隔离，介质排空	此步骤为现场实施，模拟体模拟实施		模拟体检查	
2	标记进出口法兰位置	用记号笔标记进出口法兰的位置，便于回装	记号笔	标记准确，便于识别	
3	拆除进出口法兰螺栓	对称拆除进出口法兰螺栓	两用扳手 18 号	对称拆除，螺栓无损伤	
4	取下安全阀	将安全阀取下放置于检修垫		阀门无掉落	
5	清理进、出口管道法兰密封面	用白布清理进、出口管道法兰密封面	白布、清洗剂	已清洗干净	
6	封堵开口	用白布封堵管道法兰开口	白布	封堵合格	
7	选取工装及垫片	选择合适的与校验台配装的工装和垫片		选择正确可连接	
8	安全阀安装于整定装置上	将安全阀安装于整定装置上		已平稳安装	出口不对人
9	检查校验台	校验台电源、压力源可用、放气阀关闭		检查校验台情况	
10	提升并夹紧	将安全阀固定卡爪位置调好后提升安全阀顶升机构将安全阀夹紧并增压固定		顺利提升并夹紧	小心手
11	拆除阀门保护罩	选下阀门保护罩	管钳	顺利拆除保护罩	
12	选取压力表	选取与压力定值相符的压力表，检定压力为压力表量程的 1/3～2/3，打开对应压力表开关阀，关闭其余阀门		已选取合适的压力表	
13	压力整定	打开进气阀，缓慢升压速度<0.1 bar/s，观察压力表读数，读取起跳点读数，起跳点时压力表会有压力突降一般安全阀有“噗”的声响		判断安全阀整定合格	1. 读取人视线应垂直压力表 2. 手放在进气阀手柄上
14	调整定值	调节调整螺杆使压力定值于合格范围内，整定值的误差范围为：整定压力≥0.5 MPa 时，为设定值的±3%；整定压力<0.5 MPa 时，为±0.014 MPa	两用扳手 24 号	已调整合格	

续表

序号	操作步骤	操作要求	操作工器具	测评标准	备注
15	复查定值	如定值合格锁紧锁紧螺母后进行复查一次确保定值准确		定值合格	
16	密封试验	对安全阀升压至 90%整定压力,进行保压试验 3 min。 根据阀门结构观察压力降或读出口气泡数判断是否阀门是否满足密封要求		判断保压试验合格	
17	拆除安全阀	回装保护罩并铅封,从试验台上拆除安全阀		已无损坏拆除	

2.2 操作实施 2 安全阀解体检查

安全阀解体检查操作见表 2-2。

表 2-2 安全阀解体检查

序号	操作步骤	操作要求	操作工器具	测评标准	备注
1	安全阀移至检修垫	将安全阀放置于检修垫上		已平稳放置	
2	测量调节螺杆的位置并标记	测量调节螺杆的位置并标记	记号笔游标卡尺	测量准确标记准确	
3	拆除调节螺杆锁紧螺母	拆除调节螺杆锁紧螺母	两用扳手 24 号	螺母无损伤拆下	
4	拧松调节螺杆	拧松调节螺杆,释放弹簧力	两用扳手 24 号	弹簧力已释放	
5	标记阀盖位置	用记号笔标记阀盖的位置	记号笔	标记准确,便于识别	
6	拆除中法兰阀盖螺栓螺母	对称拆除中法兰阀盖螺栓螺母	两用扳手 18 号	螺栓螺母无损坏拆除	
7	取下阀盖	平稳取下阀盖		阀盖无碰擦	
8	取下弹簧座、弹簧	平稳取下弹簧座、弹簧		零部件无损坏取下	
9	取下阀杆	平稳取下阀杆		阀杆无碰擦	
10	取下阀内件	依次取下导向套、限位块、阀瓣、垫块		零部件无损伤取下	
11	记录调节圈位置	测量并记录调节圈位置		测量准确标记准确	
12	零部件放置于检修垫	零部件放置于检修垫		已合理布置	

2.3 操作实施 3 清洗及检查零部件

清洗及检查零部件见表 2-3。

表 2-3 清洗及检查零部件

序号	操作步骤	操作要求	操作工器具	测评标准	备注
1	清洗阀瓣和阀杆	使用清洗剂、白布进行清洗	清洗剂、白布	清洗干净	
2	清洗阀体的内腔	使用清洗剂、白布进行清洗	清洗剂、白布	清洗干净	
3	检查阀体阀座质量	检查阀体、阀座是否光滑，有无划痕	目视	准确判断缺陷	
4	检查阀瓣的质量	检查阀瓣是否光滑，有无划痕	目视	准确判断缺陷	
5	检查导套的质量	检查导套是否光滑，有无划痕	目视	准确判断缺陷	
6	检查调节螺杆的质量	检查调节螺杆丝牙是否完好	目视	准确判断缺陷	
7	检查、修复阀杆	检查是否有弯曲变形、锈蚀与吹损情况，并修复	目视	准确判断缺陷	
8	检查弹簧的质量	检查弹簧是否疲劳，是否有裂纹	目视	准确判断缺陷	

2.4 操作实施 4 研磨及检查

研磨及检查操作见表 2-4。

表 2-4 研磨及检查

序号	操作步骤	操作要求	操作工器具	测评标准	备注
1	对阀门阀座进行研磨	根据缺陷选择砂纸	研磨机	缺陷消失	
2	清洗密封面	用白布、清洗剂轻微清洗		表面光洁	
3	对阀门阀座进行抛光	研磨粘贴砂纸，进行研磨	研磨机、15 μm 砂纸 9 μm 砂纸	阀座密封面无划痕等缺陷	
4	清洗密封面	用白布、清洗剂轻微清洗		阀座密封面光洁	
5	机加工阀瓣	根据缺陷情况对阀瓣进行车削与抛光研磨		阀瓣表面无划痕等缺陷	
6	阀瓣目视检查	应无划痕光洁度良好		无划痕光洁度良好	

2.5 操作实施 5 安全阀回装

安全阀回装操作见表 2-5。

表 2-5 安全阀回装

序号	操作步骤	操作要求	操作工器具	测评标准	备注
1	拆除封堵,清理阀瓣、阀内腔	拆除封堵,清理阀瓣、阀内腔	清洗剂	已清洁干净	
2	调整圈装入阀座	将调整圈装入阀座,旋至阀座端面以下		已安装到位	
3	阀瓣组件放入阀体	将阀瓣组件平稳放入阀体		已平稳放入	
4	放上垫片,装上导向套	依次装入垫片,装上导向套		垂直装入,无碰擦	
5	装入阀杆及弹簧座,弹簧	垫块上放上阀杆及弹簧座,弹簧		平稳装入,无损坏	
6	回装阀盖	按照标记位置,回装阀盖		按照标记平稳放置	
7	回装调节螺杆	将调节螺杆装入阀盖,装入较少螺纹即可		已平稳旋入	
8	回装阀盖螺栓螺母	回装阀盖螺栓螺母,并均匀紧固	两用扳手 18 号	对称、均匀紧固	
9	调整调节螺杆	按照标记调整调节螺栓	两用扳手 24 号	已旋至标记位置	
10	压力整定	依照 2.1 进行压力整定		压力整定合格	
11	回装安全阀保护罩组件	回装安全阀保护罩组件	管钳	已装入到位	
12	紧固调节圈螺钉	紧固好调节圈螺钉		已紧固	
13	安装调节螺杆锁紧螺母	安装调节螺杆锁紧螺母	两用扳手 24 号	已紧固到位	
14	安全阀运至现场	安全阀运至现场		已无损伤运至现场	
15	进出口法兰垫片	准备好进出口法兰垫片		法兰垫片密封无损坏	
16	清理密封面	清理好阀门及管道各法兰密封面		密封面无损伤,光洁	
17	回装进出口螺栓	回装阀门进出口法兰螺栓,并均匀对称紧固		螺栓已对称均匀紧固	

2.6 操作实施 6 清理现场

清理现场操作见表 2-6。

表 2-6　清理现场

序号	操作步骤	操作要求	操作工器具	测评标准	备注
1	清理现场	清理设备表面,清理检修设备附近区域的异物		检修设备无异物	
2	做到工完料尽场地清	清理检修完成后的零部件、材料等		无零部件、材料遗漏	
3	整理工具	整理工具与原始工具清单对比		工具无缺失	

2.7　实施中需要特别注意的几个关键点

1）阀门校验出口应对准无人处；
2）升压时手应放在进气阀手柄上；
3）校验升压应缓慢；
4）阀门解体前,旋松调节螺杆,释放弹簧力；
5）解体阀门时,零部件取出的顺序；
6）研磨与目视检查。

第三章　故障检查和处理

3.1　常见故障现象和判断方法检查和处理

常见故障现象和判断方法检查和处理见表 3-1。

表 3-1　常见故障现象和判断方法检查和处理

序号	故障现象	判断方法	故障原因分析	故障排除方法
1	阀门内漏	解体目视	密封面有异物	冲洗与抛光密封面
2	阀门内漏	安全阀校验	压力定值不合格	调整调节螺杆或更换弹簧
3	开启压力不合格	安全阀校验	外接因素导致弹簧设定值偏移	调整调节螺杆
4	开启压力不合格	安全阀校验调整不合格	阀内件有卡涩现象	解体检查、部件修复或者更换
5	密封试验不合格	安全阀校验	阀门密封面损坏	解体检修

3.2　常见故障原因分析和故障排除方法

常见故障原因分析和故障排除方法见表 3-2。

表 3-2　常见故障原因分析和故障排除方法

序号	故障原因分析	故障排除方法
1	密封面损坏	密封面研磨修复

3.3　特殊故障现象和判断方法

特殊故障现象和判断方法见表 3-3。

表 3-3　特殊故障现象和判断方法

序号	故障现象	判断方法	故障原因分析	故障排除方法
1	密封试验不合格	安全阀解体密封面良好,但密封性不合格	回座不良	检查阀内导向间隙和阀内件磨损情况,检查调整环位置是否合适

3.4　特殊故障原因分析和故障排除方法

特殊故障原因分析和故障排除方法见表 3-4。

表 3-4　特殊故障原因分析和故障排除方法

序号	故障原因分析	故障排除方法
1	部件磨损严重	更换部件

第四章　操作结束

4.1　解体后验证

解体、校验完成后外观检查零部件是否有所缺失、漏装，定值校验检查其定值和密封情况，验证阀门性能良好。

4.2　总结培训过程

阀门解体前，熟悉阀门的工作原理与结构，核实所需工具与备件。阀门从系统管道拆除要注意防异物封堵，阀门压力定值校验，检验阀门是否有缺陷，如有缺陷则解体阀门。解体阀门时，需要旋松调节螺杆，以释放弹簧力，拆除阀盖，取下弹簧及弹簧座，依次拆除阀杆、导向套、阀瓣等组件。拆除完成后，注意防异物封堵，检查并清洗各个零部件与紧固件，确认各个部件无问题。着重检查阀座与阀瓣的表面情况，必要时进行车削加工与抛光，目视检查合格后清洗进行回装。

4.3　评判

学员对解体过程进行阐述，并说明其中的关键点以及注意事项。教员对学员的陈述简要记录，根据阐述评判学员的掌握情况。教员指出学员阐述过程中的错误以及需要注意的事项，并且依据评判表，对学员的学习情况做出整体评判。

4.4　清理现场

工作结束后，做到工完料尽场地清。工具整理并与工具清单进行对比，确保工具无缺失，并检查工具的可用性，记录损坏情况并汇报。对更换的领料物资与领料单进行核实，确保所有可更换的物资已更换。清理工作过程中的耗材，进行分类处理，放置到对应的塑料袋中。清理现场的塑料布，橡胶板，必要时用白布清理现场。

4.5　工后会

工后会是对整个工作的过程的回顾以及必要的经验反馈。

回顾工作过程：工作许可证已归还，场地已清理，设备标牌完好，对检修任务进行评价，是否达到预期的目的，试验设备与工器具已经归还。

工作后的经验反馈是对以后同类型的阀门工作的经验积累，以提高工作的检修技能，能够更好地完成检修工作。

第五章　经验反馈

2012 年 9 月 13 日,现场发现该安全阀在往外漏水。机械人员核实现场后,准备工作文件,待取到工作许可证后,进行检修。

领取工作许可证,与运行人员交流信息,验证隔离边界,确认检修设备正确,从系统拆下阀门,对开口处临时封堵。在试验台对阀门进行压力整定 0.35 MPa,合格。在整定值的 90%做密封 3 分钟压降 0.037 MPa,不合格。解体检查阀门,清洗各部件,研磨抛光阀瓣阀座,组装阀门,重新进行压力整定 0.35 MPa,合格。在整定值 90%座密封 3 分钟压降 0.003 MPa,合格。检查并清理法兰密封面,更换进出口垫片,对称均匀紧固法兰连接螺栓,工作结束,确认标牌完好,清理现场,归还许可证。

第六章　习　题

6.1　选择题

1. 安全阀的工作不包括以下(C)。

A. 压力整定　　B. 解体　　C. 膜片更换

2. 阀门的密封主要是由阀座与(C)完成。

A. 阀杆　　B. 阀盖　　C. 阀瓣

3. 安全阀压力调整主要依靠(C)调整。

A. 弹簧　　B. 阀杆　　C. 调整螺杆

6.2　判断题

1. 阀门解体前可以直接拆除中法兰螺栓。　(×)

2. 阀门回装前,需检查阀内腔是否有异物。　(√)

6.3　简答题

阀门的组成结构至少包括几部分?

答:保护罩、调整螺杆、阀杆、弹簧、阀盖、导向套、阀瓣、调节圈、阀体

6.4　实操题

鉴定点:阀门阀体解体、校验

试题1:阀门阀体解体、校验

1. 准备要求

考场准备:

(1) 试题名称:阀门阀体校验、解体

(2) 本题分值:20

(3) 考核时间:30 min

(4) 考核形式:实操

(5) 设备设施准备

序号	名称	规格	单位	数量	备注
1	模拟体		台	1	教学用模拟体一台
2	两用、力矩扳手		把	1	18号、24号、管钳
3	安全阀校验台				

考生准备:

(1) 试题名称:阀门阀体解体

(2) 本题分值:20

(3) 考核时间:30 min

(4) 考核形式:实操

(5) 工具及其他准备:无

2. 考核要求

(1) 本题分值:15

(2) 考核时间:5 min

(3) 考核形式:实操

(4) 具体考核要求:根据解体阀体,熟悉其关键点,阀门解体需标记位置,解体过程大致步骤,描述校验过程

(5) 否定项说明:设备掉落

3. 配分与评分标准

序号	考核内容	考核要点	配分	评分标准	扣分	得分
1	阀门解体前准备	确定阀门解体前的准备工作是否充分	1	未模拟检查隔离状态扣1分		
2	阀门解体调节螺栓注意	是否了解阀门解体时调节螺杆的操作	2	解体时调节螺杆未旋松扣2分		
3	阀门解体步骤	是否了解阀门解体的过程	4	1. 阀门拆卸步骤错误扣2分 2. 造成零部件损坏扣2分		
4	零部件清洗	了解需要清洗的阀门零部件	2	未说明所有需清洗的零部件扣2分		
5	阀门回装前检查	回装前需要注意的事项	3	1. 未说明零部件完好或已修复、更换扣1分 2. 未检查阀内腔清洁度扣2分		
6	阀门回装时注意事项	阀门回装时螺栓均匀对此紧固;调节螺杆需调回原位置	3	1. 未对此均匀紧固扣2分 2. 未调整调节螺杆扣1分		
7	阀门校验	校验过程描述准确配合操作正确	5	1. 校验过程顺序不正确扣1分 2. 校验过程描述不正确扣2分 3. 操作错误扣2分		

否定项:零部件损坏。

评分人:　　年　　月　　日　　　　　　核分人:　　年　　月　　日

第六部分 带压堵漏

第一章 操作准备

1.1 原理描述

运转中装置的设备、管线、阀门、法兰等发生泄漏,在不破坏原密封结构,保持生产工况不变的情况下,用夹具包容泄漏点,建立新的密封空腔,以高于泄漏系统介质压力的推力,强行注入专用密封剂,弥补泄漏缺陷,密封腔内达到足够的密封比压,泄漏阻止,密封剂在短时间内由塑性体转变为弹性体,形成新的可靠的密封结构。在堵漏过程中密封剂发生塑性体到弹性体的转变。

1.2 文件准备

带压堵漏技能培训完全模拟现场工作,具有完整的工作包,包括工作指令单,质量计划、风险分析等,PX 票,带压堵漏操作程序,临时规程,工前会记录单、工后会记录单等。

1.3 工器具准备

1) 注胶阀 6 只
2) 注胶枪 1 把
3) 液压泵 1 台
4) 气动铲 1 把
5) 手锤 1 把
6) 手电 2 把
7) 平板锉 1 把
8) 内六角扳手 1 把
9) 护目镜 2 副
10) 手套 2 双
11) 密封胶 若干

1.4　模拟体准备

培训楼105模拟体，模拟体处于可用状态。检查模拟体是否有损坏，核实可否正常动作，以确保教学过程的顺利实施。

1.5　辐射防护准备

培训楼105模拟体无辐射风险，教学过程中需要模拟实施辐射防护，需要说明在现场实际工作中所要采取的防护措施。根据不同的辐射水平，所采取的辐射防护措施也有所不同，具体依照现场工作环境而确定，辐射防护的措施一般有以下内容：

1）穿戴辐射防护用品，如乳胶手套、口罩、纸衣等；

2）工作人员佩戴剂量率仪表，控制作业时间，做好防异物措施；

3）涉及到零部件的运出，需要及时办理许可证。

1.6　工业安全准备

按照工业安全规定执行，所有人员穿戴劳动保护用品。具体的工业安全准备需根据现场环境而确定，但基本的工业安全需要准备。所有人员必须佩戴安全帽、防砸鞋、工作服、手套等。检修场地使用警示带进行围栏，确保工作过程中无非工作人员进入。

1.7　配合人员准备

无。

1.8　场地准备

现场需搭设带压堵漏操作平台，要求有上下通道；铺设检修垫用于摆放工器具；清理场地，确保检修场地无其他异物；合理分配场地，确保工具、设备的合理分布，方便检修；在场地外围布置警示带。

第二章　操作实施

根据现场泄漏工况，带压堵漏的常用方法有夹具法、钢带法、捻缝法等，其中以夹具法应用最为广泛，本案以夹具法为例说明带压堵漏的操作实施方法及注意事项。

2.1　操作实施 1　夹具安装

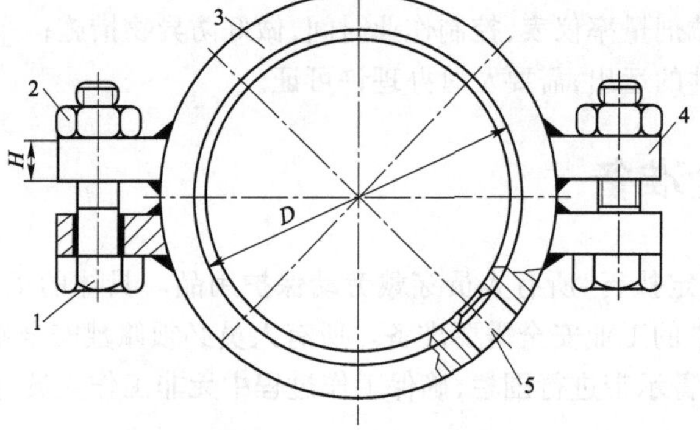

图 2-1　法兰夹具图纸

1—螺栓；2—螺母；3—夹具；4—耳板；5—注剂孔

夹具安装操作见表 2-1。

表 2-1　夹具安装

序号	操作步骤	操作要求	工器具	测评标准	备注
1	确认设备标牌，观察泄漏情况	此步骤为现场实施，模拟体模拟实施		模拟体检查	
2	清理漏点附近异物	夹具安装位置应无异物、冒高		用砂纸打磨	
3	堵漏夹具试装	根据夹具大小，由两人配合将夹具试装到管路上		判断夹具尺寸是否合适	
4	安装夹具	安装夹具，紧固螺栓	两用扳手	夹具贴合无缝隙	
5	安装注剂阀	安装注剂阀，并置于开位		注剂阀安装到位	

2.2　操作实施 2　顶压注胶，实施带压堵漏

顶压注胶，实施带压堵漏操作见表 2-2。

表 2-2　顶压注胶，实施带压堵漏

序号	操作步骤	操作要求	工器具	测评标准	备注
1	连接注胶枪与液压泵	将液压泵、注胶枪用高压软管连接		正确连接	
2	将注胶枪与夹具注胶阀相连	从泄漏点远端注胶阀开始		正确选择起始注入点	
3	顶压	关闭注胶阀，油泵升压		人员分工	
	安装密封胶	每次装入一根密封胶		关闭注胶阀	
4	注胶	开阀，升压注胶		能判断密封胶已注完	
5	从远端注胶，直至漏点消除	打压注胶消除漏点		漏点消除	
6	关闭注胶阀，拆除注胶枪	拆除注胶枪	目视	所有注胶阀关闭	

操作注意事项：

1）注胶起始点选择，当仅有一个泄漏点时，从远离泄漏点开始注入；多点泄漏部位，要从各漏点两侧相邻的注胶孔开始注入密封剂；

2）自第二注入点开始，从两侧顺序交叉注入，通过区域挤压有利于填满压实，直至漏点消除；

3）注意注入速度与密封剂固化时间的协调，避免密封剂注入系统中去；

4）操作过程中根据密封腔内压力变化，判断其对推进阻力的影响，调整注胶操作压力，确保堵漏质量和防止局部超压。

2.3　操作实施 3　密封质量与效果检查

密封质量与效果检查见表 2-3。

表 2-3　密封质量与效果检查

序号	操作步骤	操作要求	工器具	测评标准	备注
1	效果观察	观察 30 分钟确认漏点消除	验漏尺	观察	
2	若出现泄漏则进行补胶	重新连接注胶枪，进行补胶操作		正确使用堵漏工具	
3	最终观察	24 h 后再次进行效果观察		漏点消除	

2.4　实施中需要特别注意的几个关键点

1）带压堵漏工具的安装于连接；

2）顶压注胶；

3）堵漏效果观察。

第三章　故障检查和处理

3.1　常见故障现象和判断方法检查和处理

常见故障现象和判断方法检查和处理见表 3-1。

表 3-1　常见故障现象和判断方法检查和处理

序号	故障现象	判断方法	故障原因分析	故障排除方法
1	带压堵漏工具漏油	顶压后目视	密封件损坏	更换密封件
2	密封压力无法建立	观察，密封腔室压力无法建立	夹具间隙大	捻压、用填料填充间隙
3	漏点再次出现	现场观察	密封腔室没有填充均匀，应力松弛	补胶

3.2　常见故障原因分析和故障排除方法

常见故障原因分析和故障排除方法见表 3-2。

表 3-2　常见故障原因分析和故障排除方法

序号	故障原因分析	故障排除方法
1	密封件损坏	更换密封件
2	夹具间隙大	捻压、用填料填充间隙
3	密封腔室没有填充均匀，应力松弛	补胶

3.3　特殊故障现象和判断方法

特殊故障现象和判断方法见表 3-3。

表 3-3　特殊故障现象和判断方法

序号	故障现象	判断方法	故障原因分析	故障排除方法
1	漏点扩大	观察堵漏过程中漏点扩大	漏点存在减薄、脱焊等薄弱环节	停机隔离检修

3.4 特殊故障原因分析和故障排除方法

特殊故障原因分析和故障排除方法见表 3-4。

表 3-4 特殊故障原因分析和故障排除方法

序号	故障原因分析	故障排除方法
1	漏点存在减薄、脱焊等薄弱环节	停机隔离检修

第四章　操作结束

4.1　堵漏后验证

堵漏完成后检查泄漏是否消除,堵漏部位无异常。

4.2　总结培训过程

带压堵漏操作前,熟悉带压堵漏的原理和方法,核实所需工具和夹具。现场安装夹具,从漏点远端注胶孔开始顶压注胶,注意注胶速度和压力,密封胶注入完成后关阀更换密封胶,直至漏点消除。堵漏完成后观察确认带压堵漏的质量和堵漏效果。

4.3　评判

学员对带压堵漏过程进行阐述,并说明其中的关键点以及注意事项。教员对学员的陈述简要记录,根据阐述评判学员的掌握情况。教员指出学员阐述过程中的错误以及需要注意的事项,并且依据评判表,对学员的学习情况做出整体评判。

4.4　清理现场

工作结束后,做到工完料尽场地清。工具整理并与工具清单进行对比,确保工具无缺失,并检查工具的可用性,记录损坏情况并汇报。清理工作过程中的耗材,进行分类处理,放置到对应的塑料袋中。清理现场的塑料布,橡胶板,必要时用白布清理现场。

4.5　工后会

工后会是对整个工作的过程的回顾以及必要的经验反馈。

回顾工作过程:工作许可证已归还,场地已清理,设备标牌完好,对检修任务进行评价,是否达到预期的目的,试验设备与工器具已经归还。

工作后的经验反馈是对以后同类型的堵漏工作的经验积累,以提高工作的检修技能,能够更好的完成检修工作。

第五章　经验反馈

2014 年 10 月 22 日，巡检人员发现 4AHP106VL 下游管道焊缝裂纹，出现泄漏，阀门下游与凝汽器相连，无法隔离，需实施带压堵漏。

收到缺陷单后，至现场确认缺陷类型，准备 PX 类工作文件包，同时准备文件、备件、材料及工器具，并与运行人员交流必要信息，取得工作许可证，验证隔离边界、检修设备位置检查确定漏点并对漏点周围表面进行清理，在泄漏部位安装夹具，进行注胶至泄漏消除，观察 10 分钟，确认无泄漏，检查设备表面清洁度，进行必要的清洁。作业完毕后，清理现场，归还许可票，联系主控人员现场验收，验收合格即至主控终结作业票。向主管人员报告工作完成情况。申请补焊工单 290353，进行跟踪处理。

大修期间，在 290353 工单下拆除夹具，对 4AHP106VL 管道焊缝重新打磨焊接，彻底消除缺陷。

第六章　习　题

6.1　选择题

1. 此次培训的带压堵漏方法为(A)。

A. 夹具法　　B. 钢带法　　C. 捻缝法

2. 以下是带压堵漏的专用防护用品的是(C)。

A. 安全带　　B. 口罩　　C. 高温防护服

3. 单个漏点的带压堵漏起始注胶点是(B)。

A. 泄漏点　　B. 泄漏点远端　　C. 泄漏点旁边

6.2　判断题

1. 所有工况泄漏都可以通过带压堵漏处理。　(×)

2. 带压堵漏需根据实际情况控制注胶压力和速度。　(√)

3. 领导要求带压堵漏,则无条件服从。　(×)

6.3　阐述题

带压堵漏实施流程?

答案:

1) 施工前准备工作

- 带压堵漏工具及夹具准备
- 作业人员佩戴好防护用品,从上风口方向靠近泄漏点

2) 夹具安装

- 夹具试装与调整
- 注胶阀安装
- 夹具安装

3) 顶压注胶,实施带压堵漏

- 顶压检查堵漏工具无漏油
- 注胶,从漏点远端开始
- 注意控制注胶速度和注剂压力

4) 密封质量与效果检查

- 堵漏完成后效果检查,至少观察 10 分钟确认漏点消除
- 24 h 后再次观察确认堵漏成功

6.4 实操题

鉴定点:带压堵漏操作过程

试题 1:带压堵漏

1. 准备要求

考场准备:

(1) 试题名称:模拟体(法兰泄漏)

(2) 本题分值:20

(3) 考核时间:40 min

(4) 考核形式:实操

(5) 设备设施准备

序号	名称	规格	单位	数量	备注
1	模拟体		台	1	教学用模拟体一台
2	工具		套	2	堵漏工具套装

考生准备:

(1) 试题名称:带压堵漏

(2) 本题分值:20

(3) 考核时间:40 min

(4) 考核形式:实操

(5) 工具及其他准备:无

2. 考核要求

(1) 本题分值:20

(2) 考核时间:40 min

(3) 考核形式:实操

(4) 具体考核要求:熟悉带压堵漏工具的使用及带压堵漏过程

(5) 否定项说明:无

3. 配分与评分标准

序号	考核内容	考要点	配分	评分标准	扣分	得分
1	堵漏前准备	确定带压堵漏的准备工作是否充分	3	1. 未检查漏点的最新情况扣 1 分。 2. 未验证设备标牌扣 2 分。		
2	堵漏夹具的安装	堵漏夹具的安装调整	5	1. 未进行预装扣 2 分。 2. 安装完成后夹具间隙不均匀扣 3 分。		
3	带压堵漏实施	工具的使用和过程控制	5	1. 带压堵漏防护用品穿戴不合格扣 2 分。 2. 起始注胶点选择错误扣 3 分。		

续表

序号	考核内容	考要点	配分	评分标准	扣分	得分
4	密封质量与效果检查	效果检查	5	1. 漏点观察时间不足 10 min 扣 2 分。 2. 泄漏没有消除扣 3 分。		
5	场地清理	工完料尽场地清	2	施工完成后场地不清洁扣 2 分。		

否定项:带压堵漏工具使用不当。

评分人: 年 月 日 核分人: 年 月 日

第七部分　密封填料的安装、保养、故障分析

第一章　操作准备

1.1　原理描述

1.1.1　填料密封的原理

填料密封的原理主要取决于迷宫效应和轴承效应。

迷宫效应:轴在微观下表面非常不平整,与填料只能部分贴合,而部分未接触,所在在填料与轴之间存在着微小的间隙,像迷宫一样,带压介质在间隙中多次被节流,从而达到密封的作用。

轴承效应:在填料与轴之间存在着一层薄薄液膜,使填料和轴类似于滑动轴承,起到了一定的润滑作用,从而避免了填料和轴的过度磨损。

1.1.2　填料的种类

填料在工艺设备应用广泛,种类繁多,下面是按材质来分的几种常见填料

1) 聚四氟乙烯填料:用途广泛,有极好的化学惰性和优良的润滑性,缺点是热膨胀系数高。

2) 编织石棉:常用填料,适合高温场合,需添加云母或石墨等辅助润滑。

3) 石墨填料:有挠性,有各向异性,摩擦系数低,适合用在高温场合。

1.1.3　填料的其他相关叫法

密封填料(简称填料),实际工作中也称为盘根(英文 packing 的直译)。通常截面为正方形或长方形、圆形,将其填充在密封腔体内,从而实现密封。

1.2　文件准备

密封填料的安装技能培训模拟现场工作,具有完整的工作包,包括工作指令单,规程(根据具体设备而定),工前会、工后会等。

1.3　工器具准备

1）美工刀 4 把；
2）填料套装工具(取出器、切割器)4 套；
3）力矩扳手 4 把(20～100 N·m)；
4）呆扳手 4 把；
5）内窥镜 4 个；
6）游标卡尺 4 把。

1.4　模拟体准备

培训中心静机培训室模拟体,模拟体处于可用状态。检查模拟体是否有损坏,核实可否正常动作,以确保教学过程的顺利实施。

1.5　辐射防护准备

培训中心模拟体无辐射风险,教学过程中需要模拟实施辐射防护,需要说明在现场实际工作中所要采取的防护措施。根据不同的辐射水平,所采取的辐射防护措施也有所不同,具体依照现场工作环境而确定,辐射防护的措施一般有以下内容：
1）穿戴辐射防护用品,如乳胶手套、口罩、纸衣等；
2）工作人员佩戴剂量率仪表,控制作业时间,做好防异物措施；
3）涉及到部件的运出,需要及时办理许可证。

1.6　工业安全准备

按照工业安全规定执行,所有人员穿戴劳动保护用品。具体的工业安全准备需根据现场环境而确定,但基本的工业安全需要准备。所有人员必须佩戴安全帽、防砸鞋、工作服、手套等。检修场地使用警示带进行围栏,确保工作过程中无非工作人员进入。

1.7　配合人员准备

无。

1.8　场地准备

现场铺设白布用于摆放工器具;铺设橡胶板用于放置气动执行机构;清理场地,确保检修场地无其他异物;合理分配场地,确保工具、设备的合理分布,方便检修;在场地外围布置警示带。

第二章　操作实施

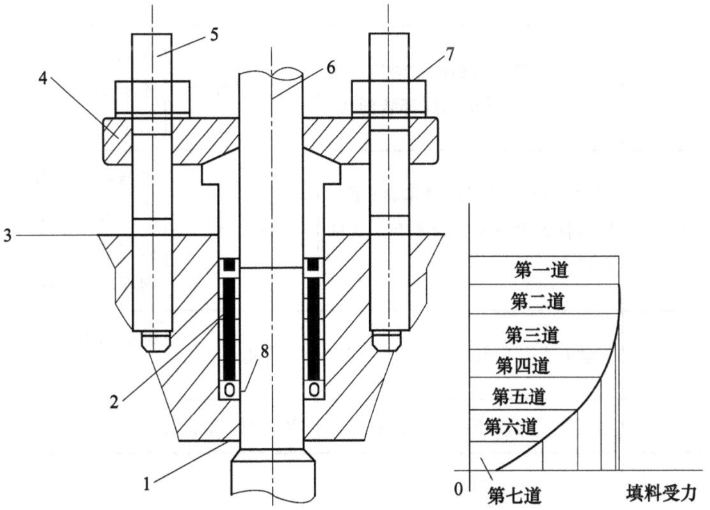

图 2-1　阀门填料密封结构

1—上密封；2—膨胀石墨填料；3—填料压盖；4—压盖法兰；5—填料压盖螺栓；6—阀杆；7—压盖螺母；8—编织填料

2.1　操作实施 1　填料的拆除与安装

以手动明杆闸阀解体检修为例，阐述实际操作填料的拆除和安装，见表 2-1。

表 2-1　填料的拆除与安装

序号	操作步骤	操作要求	工器具	测评标准	备注
1	确认设备隔离，介质排空	此步骤为现场实施，模拟体模拟实施	N/A	模拟体检查	N/A
2	确认阀门状态	转动手轮确保阀门处于开启状态	N/A	阀门手动开启，处于开启位置	N/A
3	标记填料压盖位置	解体前应做必要的编号、方位标记等，并采取必要保护措施，以便设备回装复位	记号笔	标识清楚	N/A
4	测量间隙	测量填料压盖间隙的尺寸	游标卡尺	左右两端均需测量	N/A
5	取出填料	.拆卸填料压盖螺栓，用填料拔取工具掏出填料	填料拔取工具	不可以伤及阀杆和填料函表面，函底要清理干净	N/A

续表

序号	操作步骤	操作要求	工器具	测评标准	备注
6	检查零部件	检查阀杆与填料接触的表面和填料函的内壁应光滑无损伤	内窥镜	无损伤	N/A
7	加工料	用填料切割器或美工刀将填料按45°角切割	填料切割器或美工刀	切口光滑并成45°角	N/A
8	安装填料	填料组件装入填料函中时应一层一层装入,并保证每层都装到底	专用对开环	禁止采取把填料组装入整体下压,层与层间的切口错位90°～120°	N/A
9	紧固填料压盖螺栓	用力矩扳手紧固压紧填料(填料压套伸入填料座的量要有1/3的余量)	呆扳手	根据给定的力矩应对称和分段施力,随时观察填料法兰的平行度和中心孔与阀杆的对中性	45 N·m
10	开关阀门	手动开关阀门几次	N/A	检查填料是否过紧,有无异响、抖动、卡涩等现象	N/A
11	清理设备表面	用清洗剂与白布清洗设备表面	清洗剂、白布	设备表面清洗干净	N/A

2.2 操作实施2 填料的保养

为了延长填料的使用寿命,提高阀门安全性,核电厂核阀使用的是经过一定预紧压力压过的填料。经过预压后,填料密度增大,抵御受压变形的能力增加了,内部保留的预紧力能补偿机组运行期间填料被磨损而失去的填料压力。

填料的预压过程一般由生产厂家在安装前完成,在仓库放置久了,填料侧面就会出现表明预压力松弛的纹路,核阀填料闲置1年以上都要求重新预压紧。其方法是利用模具(见图2-2),选定压力进行预压操作。

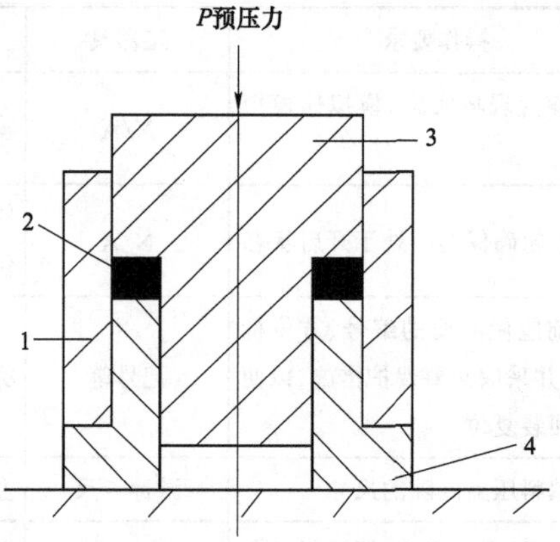

图2-2 预压模具

1—外环;2—填料;3—芯轴;4—底套

2.3 实施中需要特别注意的几个关键点

1）解体前应作必要的编号、方位标记；

2）禁止把填料组件装入整体下压；

3）层与层间的切口错位 90°～120°。

第三章　故障检查和处理

3.1　常见故障现象和判断方法检查和处理

常见故障现象和判断方法检查和处理见表 3-1。

表 3-1　常见故障现象和判断方法检查和处理

序号	故障现象	判断方法	故障原因分析	故障排除方法
1	填料压盖处泄漏	目视检查	压盖螺栓力矩不足，填料预紧力失效	紧固螺栓或更换填料

3.2　常见故障原因分析和故障排除方法

常见故障原因分析和故障排除方法见表 3-2。

表 3-2　常见故障原因分析和故障排除方法

序号	故障原因分析	故障排除方法
1	填料预紧力失效工或损坏	更换填料
2	螺栓力矩不足	紧固螺栓

3.3　特殊故障现象和判断方法

特殊故障现象和判断方法见表 3-3。

表 3-3　特殊故障现象和判断方法

序号	故障现象	判断方法	故障原因分析	故障排除方法
1	阀轴转动不灵活	开关阀门较为费力	压盖螺栓预紧力太大	按规定力矩进行紧;固
2	填料压盖处泄漏	解体检查	1. 阀杆腐蚀、磨损 2. 填料老化 3. 选用材质不当	1. 更换阀杆 2. 更换填料 3. 重新根据设计要求选合适的材质

3.4　特殊故障原因分析和故障排除方法

特殊故障原因分析和故障排除方法见表 3-4。

表 3-4　特殊故障原因分析和故障排除方法

序号	故障原因分析	故障排除方法
1	压盖螺栓预紧力太大	按规定力矩进行紧固
2	1. 阀杆腐蚀、磨损 2. 填料老化 3. 选用材质不当	1. 更换阀杆 2. 更换填料 3. 重新根据设计要求选合适的材质

第四章 操作结束

4.1 检查验证

手动开关阀门数次,验证阀门无卡涩,必要时做压力试验,目视检查阀门填料压盖处有无泄漏。

4.2 总结培训过程

教员对填料密封的原理、设计要求、检修要求进行讲解。对检修过程中更换填料的关键点作重点讲解。学员利用手动闸阀的模拟体分组进行实操,提升这方面的业务水平。

4.3 评价

学员对培训过程进行阐述,并说明其中的关键点以及注意事项。教员对学员的陈述简要记录,根据阐述评判学员的掌握情况。教员指出学员阐述过程中的错误以及需要注意的事项。

4.4 清理现场

工作结束后,做到工完料尽场地清。工具整理并与工具清单进行对比,确保工具无缺失,并检查工具的可用性,记录损坏情况并汇报。对更换的领料物资与领料单进行核实,确保所有可更换的物资已更换。清理工作过程中的耗材,进行分类处理,放置到对应的塑料袋中。清理现场的塑料布、橡胶板。

4.5 工后会

工后会是对整个工作的过程的回顾以及必要的经验反馈。

回顾工作过程:工作许可证已归还,场地已清理,设备标牌完好,对检修任务进行评价,是否达到预期的目的,试验设备与工器具已经归还。

工作后的经验反馈是对以后相似工作的经验积累,以提高工作的检修技能,能够更好地完成检修工作。

第五章　经验反馈

2008年1月7日，在处理下泄背压控制阀V02-314波动缺陷时，发现当拧松阀门填料压盖螺母时，阀门波动消失；当重新拧紧填料压盖螺母时，阀门波动重又出现了；并经过反复拧紧/拧松螺母验证了该现象。阀门填料压盖螺母的松紧与阀门的调节性能存在冲突，阀门填料压盖过紧导致阀门超调。维修人员根据此次缺陷填写了相关状态报告，并产生了如下纠正行动。

对V02-314阀门定期安排阀门螺栓紧固力矩校验。

升版维修规程《下泄背压控制阀解体维修规程(QWG.02–QWG.02.38–A0)》，对填料的回装应采取分段预紧的方式。

第六章 习 题

6.1 选择题(每小题5分)

1. 带有切口的填料上层与下层之间切口应错开(C)。

A. 45°　　B. 30°　　C. 90°~120°

2. 用编织填料进行切口时,切口的角度与侧面应成(C)角。

A. 45°　　B. 30°　　C. 90°

3. 编织填料内径与阀杆的直径或填料外径与填料函内径之差应小于(A)。

A. 0.5 mm　　B. 1 mm　　C. 0.2 mm

6.2 判断题(每小题5分)

1. 为提高工作效率,应将填料组件一次性装入填料函中。 (×)

2. 为保证填料的密封性,填料压盖的螺栓预紧力越大越好。 (×)

3. 填料的密封原理主要取决于迷宫效应和轴承效应。 (√)

6.3 简答题(每小题10分)

填料的材料特性直接影响着填料密封性和使用寿命,主要有哪些指标?

1) 压缩率:加载时,材料的厚度压缩量与初始厚度之比。

2) 回弹率:固体物质卸载时的回弹量与加载时的压缩量之比。

3) 耐磨性:两材料表面之间相对运动引起的损耗程度。

4) 自润滑性:材料自身具有润滑性的性能。

5) 应力松弛率:应力松弛状态下应力衰减的百分数。

6.4 实操题(每小题20分)

鉴定点:安装填料

试题1:安装填料

1. 准备要求

考场准备:

(1) 试题名称:安装填料

(2) 本题分值:20

(3) 考核时间:40 min

(4) 考核形式:实操

(5) 设备设施准备

序号	名称	规格	单位	数量	备注
1	模拟体	手动闸阀	台	1	教学用模拟体一台
2	美工刀	常用	把	1	N/A
3	填料套装工具	常用	套	1	N/A
4	力矩扳手	20～100 N·m	把	1	N/A
5	呆扳手	S17-19	把	2	N/A
6	内窥镜	N/A	个	1	N/A
7	填料	9*9	M	2	N/A
8	记号笔	白色	支	1	N/A

考生准备:

(1) 试题名称:安装填料

(2) 本题分值:20

(3) 考核时间:40 min

(4) 考核形式:实操

(5) 工具及其他准备:无

2. 考核要求

(1) 本题分值:20

(2) 考核时间:40 min

(3) 考核形式:实操

(4) 具体考核要求:根据填料拆除安装的具体要求,进行相关操作。

(5) 否定项说明:无

3. 配分与评分标准

序号	考核内容	考核要点	配分	评分标准	扣分	得分
1	操作前准备	确定阀门阀体解体前的准备工作是否充分	4	1. 未模拟检查隔离状态扣1分。 2. 未说明工作包准备要求扣1分。 3. 工器具、材料准备不充分扣1分。 4. 工前会不开扣1分		
2	标记并测量	标记、测量方法正确	2	1. 标识不清扣1分。 2. 测量方法不正确扣1分		
3	取出填料	填料掏取干净并不损伤填料函	4	1. 填料未掏尽或未作检查扣2分。 2. 损伤填料函扣2分		

续表

序号	考核内容	考核要点	配分	评分标准	扣分	得分
4	安装填料	按规范安装填料	7	1. 填料切口方法错误扣2分。 2. 不是一层一层到位装入扣3分。 3. 层与层之间切口不错开90°～120°扣2分		
5	检查	验证设备性能	2	不检查阀门是否卡涩扣2分		
6	清理现场	工完料尽场地清	1	现场未作清理扣1分		

否定项:没有作好防异物措施。

评分人：　年　月　日　　　　核分人：　年　月　日

第八部分　管道焊接

第一章　操作准备

1.1　原理描述

根据设计或工艺要求，在焊件的待焊部位加工成一定的几何形状和尺寸，使热源(电弧或火焰)能达到焊缝根部，保证根部焊透，便于操作和清理焊渣，获得较好的焊缝成型。

1.2　文件准备

焊接工艺卡、管道布置图。

1.3　工器具准备

磨光机、内磨机、半圆锉、角尺、点固块、焊机、焊丝等。

1.4　模拟体准备

在 15 号焊接厂房进行模拟管道预制，模拟前，实施文件、材料到位。其工器具在有效期内，并保证设备处于可用状态，以确保教学过程的顺利实施。

1.5　辐射防护准备

具体依照现场工作环境而确定，辐射防护的措施一般有以下内容：

1) 穿戴辐射防护用品，如乳胶手套、口罩、纸衣等；
2) 工作人员佩戴剂量率仪表，控制作业时间，做好防异物措施。

1.6　工业安全准备

按照工业安全规定执行，所有人员穿戴劳动保护用品。具体的工业安全准备需根据现场环境而确定，但基本的工业安全需要准备。所有人员必须佩戴安全帽、防砸鞋、工作服、手套等，焊接地点做好隔离并做好防火措施。

1.7　配合人员准备

焊接人员到位，设备到位、焊接材料到位，并按要求存放。

1.8　场地准备

现场摆放工器具规范，做好现场打磨隔离措施，确保检修场地无其他异物；合理分配场地，确保工具、设备的合理分布，方便检修；在场地外围布置警示带。

第二章　操作实施

2.1　操作实施 1

操作实施 1 见表 2-1。

表 2-1　操作实施

序号	操作步骤	操作要求	工器具	测评标准	备注
1	材料确认	按图纸信息确认需预制管道材质规格接头形式		填写管道的信息并与实施内容相符	
2	实施文件	把填写的信息反馈给焊接实施部门，取得焊接工艺卡（焊接质量计划）		取得焊接实施文件	
3	防护措施	打磨区域做好放飞溅措施及个人防护到位		措施到位	

2.2　操作实施 2

操作实施 2 见表 2-2。

表 2-2　操作实施 2

序号	操作步骤	操作要求	工器具	测评标准	备注
1	对接打磨	使用磨光机对焊接部位管道外侧进行打磨	磨光机	管道表面打磨出金属光泽。打磨范围 15～20 mm	
		使用内磨机或半圆锉对管道内壁进行打磨	内磨机、锉刀	管道内侧打磨出金属光泽。打磨范围 15～20 mm	
2	坡口的制作	使用磨光机对管道焊接部位端面进行坡口制作	磨光机	制作好的坡口尺寸满足工艺要求 $a\pm5^\circ$	
		使用锉刀修正坡口内外侧的铁削、毛刺	锉刀		
		使用锉刀坡口端面修正钝边	锉刀	制作好的坡口尺寸满足工艺要求 $p\pm0.5$ mm	

续表

序号	操作步骤	操作要求	工器具	测评标准	备注
3	组对	使用合理的工具或点固法进行焊接定位	角钢、对口器、点固块	局部错口值不得超过焊件厚度的 10%，且不大于 1 mm	
		使用目测或填塞法保证预留间隙的尺寸		组对间隙 $c\pm1$ mm	
		焊口点固	焊机、焊丝	对组对部位进行点固焊接	

2.3 操作实施 3

操作实施 3 见表 2-3。

表 2-3 操作实施 3

序号	操作步骤	操作要求	工器具	测评标准	备注
1	焊接部位打磨（承插焊）	把管子完全插入插套连接件，在管子边缘做好标记		管子完全插入插套连接件并做好标记	
		抽出管子，使用机修或手工方式清除标记两侧个 15～20 mm 内的杂质	磨光机、锉刀、砂纸	管道标记两侧打磨出金属光泽。打磨范围 15～20 mm	
2	组对	把管子完全插入插套连接件，在管子边缘做好标记	记号笔	按要求做好标记，管子拉出距离为 15～20 mm	
		再把管子拉出一段距离，做好标记	记号笔		
		焊口点固	焊机、焊丝	对组对部位进行点固焊接	

2.4 实施中需要特别注意的几个关键点

1）管子切割质量应符合：切口表面平整，无裂纹、重皮、毛刺、凸凹、缩口、熔渣、氧化物、铁屑等。

2）管子切口端面倾斜偏差不应大于管子外径的 1%，且不超过 3 mm。

3）对口应使管中心线在一条直线上，对口间隙应符合要求。

4）管道对接焊口的组对应做到内壁齐平，内壁错边量不宜超过壁厚的 10%，且不大于 2 mm，组对时不得强行组对。

5）直管段管道连接时两相邻的焊缝间距应大于管径，并不得小于 150 mm。

第三章　故障检查和处理

3.1　常见故障现象和判断方法检查和处理

常见故障现象和判断方法检查和处理见表 3-1。

表 3-1　常见故障现象和判断方法检查和处理

序号	故障现象	判断方法	故障原因分析	故障排除方法
1	坡口角度小于工艺要求范围	目测	打磨人员没有按照工艺要求实施	打磨前，打磨人员必须了解打磨工艺的要求。对不符合要求的焊口进行修磨
2	管道内外未按要求清理		1. 实施人员不熟悉焊接坡口制作要求。 2. 管道打磨后没有及时组对，导致坡口处二次污染	1. 打磨前，打磨人员必须了解焊接部位清理范围要求。 2. 对无法及时组对的焊工焊接前应再次打磨
3	管口端面与管中心偏斜		管道切割时没有与管道中心线垂直	对管道端面进行修磨，使其端面与管道中心垂直
4	错边		没有对不同壁厚的部件进行焊接厚度差处理	按要求对不同壁厚的部件进行焊接厚度差处理

3.2　常见故障原因分析和故障排除方法

常见故障原因分析和故障排除方法见表 3-2。

表 3-2　常见故障原因分析和故障排除方法

序号	故障现象	故障原因分析	故障排除方法
1	坡口角度小于工艺要求范围	打磨人员没有按照工艺要求实施	打磨前，打磨人员必须了解打磨工艺的要求。对不符合要求的焊口进行修磨
2	管道内外未按要求清理	1. 实施人员不熟悉焊接坡口制作要求。 2. 管道打磨后没有及时组对，导致坡口处二次污染	1. 打磨前，打磨人员必须了解焊接部位清理范围要求。 2. 对无法及时组对的焊工焊接前应再次打磨
3	管口端面与管中心偏斜	管道切割时没有与管道中心线垂直	对管道端面进行修磨，使其端面与管道中心垂直
4	错边	没有对不同壁厚的部件进行焊接厚度差处理	按要求对不同壁厚的部件进行焊接厚度差处理

3.3 特殊故障现象和判断方法

特殊故障现象和判断方法见表 3-3。

表 3-3 特殊故障现象和判断方法

序号	故障现象	判断方法	故障原因分析	故障排除方法
1	材料不符合要求	切口表面有裂纹、重皮、熔渣	焊接部位的材质不符合要求	更换材料

3.4 特殊故障原因分析和故障排除方法

特殊故障原因分析和故障排除方法见表 3-4。

表 3-4 特殊故障原因分析和故障排除方法

序号	故障现象	故障原因分析	故障排除方法
1	材料不符合要求	焊接部位的材质不符合要求	更换材料

第四章　操作结束

4.1　组对后验证

1. 管子切割质量应符合切口表面平整，无裂纹、重皮、毛刺、凸凹、缩口、熔渣、氧化物、铁屑等。

2. V形坡口：对接间隙1～2 mm，钝边0.5～1 mm坡口角度60°～65°。

3. 管道对接焊口的组对应做到内壁齐平，内壁错边量不宜超过壁厚的10%，且不大于2 mm，组对时不得强行组对。

4. 直管段管道连接时两相邻的焊缝间距应大于管径，并不得小于150 mm。

5. 承插组对时管件与承间配合时下部端面应留有15～20 mm间隙。

4.2　总结培训过程

通过培训，学员了解了焊接前管道坡口的制作对后续焊接的影响，以及制作的过程。了解管道焊接常用的接头形式，坡口的制作方法。坡口制作前期工作准备，使学员们对焊接前坡口管道的要求有初步的认识，并掌握相关技术要求，对以后工作的开展实施奠定一定基础。

4.3　评判

学员对管道坡口过程进行阐述，并说明其中的关键点以及注意事项。教员对学员的陈述简要记录，根据阐述评判学员的掌握情况。教员指出学员阐述过程中的错误以及需要注意的事项，并且依据评判表，对学员的学习情况做出整体评判。

4.4　清理现场

工作结束后，做到工完料尽场地清。工具整理并与工具清单进行对比，确保工具无缺失，并检查工具的可用性，记录损坏情况并汇报。清理工作过程中的耗材，进行分类处理。清理现场的塑料布、橡胶板，必要时用白布清理现场。

4.5　工后会

工后会是对整个工作过程的回顾以及必要的经验反馈。

回顾工作过程：场地已清理，设备标牌完好，对检修任务进行评价，是否达到预期的目的，试验设备与工器具已经归还。

工作后的经验反馈是对以后同类焊接管道工作的经验积累，以提高工作的检修技能，能够更好地完成检修工作。

第五章　经验反馈

1. 案例概述

1997 年 9 月，某电厂项目改造。由于管道内部融合不好，需要进行打磨处理。管道队安排打磨人员朱某进行处理。早上 8 点 20 分左右，朱某准备进入管道内部打磨，因管道内部空间比较小，朱某通过氧气换气的作业方法，把氧气带缠在自己腰部，拿手电和磨光砂轮机进入管道内部进行打磨作业。刚进去时，监护人刘某问朱某“里边怎么样”。朱某说没事，便开始作业。大约 30 分钟后，刘某听到有呼救的声音，看到管子里面已起火，赶紧拽出了氧气管和砂轮磨光机电源线，然后汇报呼救。事后造成朱某身体 70%烧伤，其中 40%为三度烧伤及呼吸道烧伤。

在管道组对打磨时，管道错口 6 mm 情况下没有按规定与要求加工和打磨焊口就强行组对焊接，造成焊口部分错边未融隐患，是引起此次事件的直接原因。

2. 经验反馈

进入密闭容器或通风不良的场所作业，工作实施前必须检测氧含量及有害气体的浓度，保持良好通风，并安排监护人现场监护。

第六章　习　题

6.1　填空题

1. 常用的接头形式分为：______、______、______、______。

答：对接；搭接；角接；T 接

2. 特殊的接头形式包括：______、______、______、______。

答：端接接头；卷边接头；塞接接头；承插接头

3. 电厂现场管道焊接常见的接头形式：______、______。

答：对接；承插接头

4. 常用管道的坡口类型分为：______、______、______、______。

答：I 型坡口；V 型坡口；U 型坡口；X 型坡口

5. 根据设计或工艺要求，在______加工______和______的沟槽，叫______。

答：焊件的待焊部位；一定几何形状；尺寸；坡口

6. 坡口的作用主要为：使热源（电弧或火焰）能到达______，保证______、便于操作和______、可获得较好的______。

答：焊缝根部；根部焊透；清理焊渣；焊缝成型

7. 坡口选用的原则主要取决于______、______和______。

答：母材厚度；焊接方法；工艺要求

8. 使用机械方法清理管口内外表面两侧______范围内的铁锈、氧化层等，使其露出______。

答：15～20 mm；金属光泽

9. 在无特殊要求的情况下，I 型坡口一般适用于厚度______，V 型坡口一般适用厚度在______，X 型坡口一般适用厚度在______，U 型坡口一般适用厚度在______。

答：$\delta<6$ mm；$\delta=3\sim25$ mm；$\delta=12\sim60$ mm；$\delta=20\sim60$ mm

10. 选择坡口的钝边尺寸时主要是保证______和______。

答：第一层焊透；防止烧穿

6.2　判断题

1. 当接头坡口表面铁锈等难以清理干净时，应选用抗裂性能好的碱性焊条。　（×）

2. 坡口的选择不需要考虑加工的难易。　（×）

3. 承插接头组对时，预留根部间隙是为节省材料。　（×）

4. 清理金属表面的氧化层、铁锈等主要是防止焊接时产生气孔和夹渣，严重会造成裂纹。　（√）

5. 不同厚度的两构件组对焊接时，应进行焊接厚度差处理。（√）
6. 背面有气体保护要求的焊接接头，在接头组装前应做好背面保护装置。（√）
7. 现场施焊时，对焊接环境条件没有要求。（×）
8. 坡口加工一般采用机械加工、打磨和热切割方法。（√）
9. 坡口加工应按设计图纸或工艺规范的技术要求进行。（√）
10. 用于不锈钢焊接接头的清理，应使用不锈钢专用材料。（√）

6.3　阐述题

1. 坡口的选用原则是什么？

答：原则上焊接接头形式应按设计图纸规定及技术要求选用，坡口应按图纸设计和加工。若无要求，一般遵循以下要求：

1）尽量减少填充金属量；
2）坡口形状容易加工；
3）便于焊工操作及清渣；
4）焊后应力和变形尽可能小。

2. 常用的接头形式有哪些？

答：常用的接头形式分为 4 类：

1）对接接头；
2）搭接接头；
3）T 形接头；
4）角接接头。

3. 对接接头常用的坡口形式？

答：

1）I 型；
2）V 型；
3）U 型；
4）X 型。

6.4　实操题

鉴定点：15 号焊接厂房

试题 1：管道焊接坡口的制作

1. 准备要求

考场准备：

（1）试题名称：管道焊接坡口的制作
（2）本题分值：10
（3）考核时间：10 min
（4）考核形式：实操

(5) 设备设施准备

序号	名称	规格	单位	数量	备注
1	不锈钢管	ϕ57 mm×3	根	1	1 m
2	碳钢管	ϕ57 mm×3	根	1	1 m
3	承插管件	ϕ65 mm×3	个	1	
4	焊机		台	1	

考生准备:

(1) 试题名称:管道焊接坡口的制作

(2) 本题分值:20

(3) 考核时间:10 min

(4) 考核形式:实操

(5) 工具及其他准备:无

序号	名称	规格	单位	数量	备注
1	焊丝	2.0	kg	1	
2	角钢	50 mm×50 mm	个	2	
3	磨光机	250	个	1	
4	内磨机		个	1	
5	半圆锉		把	1	
6	角尺		把	1	
7	防火布	1.5^2	块	1	
8	点固块		块	3	

2. 考核要求

(1) 本题分值:100

(2) 考核时间:40 min

(3) 考核形式:实操

(4) 具体考核要求:根据评分要求

(5) 否定项说明:无

3. 配分与评分标准

项目	配分	序号	考核内容及评分标准		配分	扣分	得分	备注
操作技能	80	1	时间	1. 标准时间 60 分钟; 2. 每超过 1 分钟扣 1 分; 3. 超过 10 分钟,时间得分全部扣完	10			

续表

项目	配分	序号		考核内容及评分标准	配分	扣分	得分	备注
操作技能	80	2	作业过程	1. 准备材料工具； 2. 确认接头形式； 3. 打磨清理； 4. 坡口预制； 5. 组对； 6. 定位点固焊。 上述每漏掉一个过程扣 5 分，扣完为止	25			
		3	质量	1. 管道内外清理范围不够，扣 8 分； 2. 端面垂直度＞1.5 mm，扣 5 分； 3. 坡口角度大于或小于±5°，扣 4 分； 4. 错变量＞1.5 mm。扣 8 分； 5. 承插组对没标记。扣 10 分； 6. 承插组对没预留间隙。扣 5 分； 7. 对接间隙过大或过小，扣 5 分	45			
工具设备的使用	10	4		1. 不能正确使用工具，每件扣 2 分； 2. 作业完成后，工具未撤出规定范围，每件扣 2 分； 3. 工具设备损坏及零件丢失，扣 10 分	10			
安全及其他	10	5		1. 凡发生破皮流血，每件扣 5 分； 2. 劳动保护穿戴不全，每件扣 3 分； 3. 发生烫伤或衣服着火，每件扣 5 分； 4. 违章操作、触电、造成火苗，扣 10 分	10			

评分人：　　年　　月　　日　　　　　　　　　　　　　　　　核分人：　　年　　月　　日